智元微库
OPEN MIND

成长也是一种美好

你就是很好很好

重新养自己一遍，找回内在力量

韦珊　著

人民邮电出版社

北京

图书在版编目（CIP）数据

你就是很好很好 ：重新养自己一遍，找回内在力量 /
韦珊著 . -- 北京 ：人民邮电出版社， 2025. -- ISBN
978-7-115-68007-5

Ⅰ . B84-49

中国国家版本馆 CIP 数据核字第 2025BG6429 号

◆ 著 韦 珊
  责任编辑 陈素然
  责任印制 周昇亮

◆ 人民邮电出版社出版发行　　北京市丰台区成寿寺路 11 号
  邮编 100164　电子邮件 315@ptpress.com.cn
  网址 https://www.ptpress.com.cn
  天津千鹤文化传播有限公司印刷

◆ 开本：880×1230　1/32
  印张：7.5　　　　　　　　　2025 年 9 月第 1 版
  字数：124 千字　　　　　　 2025 年 11 月天津第 2 次印刷

定　价：49.80 元

读者服务热线：（010）67630125　印装质量热线：（010）81055316
反盗版热线：（010）81055315

如果你时常陷入自我怀疑、自我迷失的泥沼，那么，这本书就是为你准备的。它能带你识别内在脆弱，探索创伤根源，并手把手教你用"重新养育自己"的方式，找回那份本属于你的、坚实的内在力量与生命活力。

——俞林鑫

心理咨询师，心理学科普作者

那些没有被看到的痛苦，让人变得虚弱，阻碍人们获得幸福。超越原生家庭的羁绊，便能唤醒内在沉睡的力量，为真实的自我赋能。韦珊的新书《你就是很好很好：重新养自己一遍，找回内在力量》，就像一把打开心灵之门的钥匙，帮助你开启自我养育的神奇之旅。

——元婴

著名心理热线主持人，咨询师，心理学作家

《拥抱内在的小孩》作者

原生家庭写就了第一版人生剧本，但你有权改写它！《你就是很好很好：重新养自己一遍，找回内在力量》带你深挖内在匮乏根源，提供"重新养育自己"的清晰路径。从识别脆弱到能量提升，韦珊老师用专业方法与亲身蜕变经历证明：你本就很好很好，只需唤醒内在力量，解锁属于自己的光明人生。

——李文超

心理学家，幸福心理学创始人

目录

扫码听冥想音频

生命的二次诞生

在心理学的实践中，我见证过太多被"内在匮乏感"困扰的灵魂。我们懂得无数道理，却依然在旧有模式中挣扎，核心原因在于童年形成的"生命脚本"未被真正改写。

韦珊老师的《你就是很好很好：重新养自己一遍，找回内在力量》正是一剂精准的心灵良药。它没有停留在浅层的安慰，而是直指核心——原生家庭塑造了我们最初的内在程序，而成年后的我们，完全有能力"重新养育自己"，完成生命的升级与重启。

书中深刻剖析了"精神内耗""习得性无助""强迫性重复"等痛苦模式的根源，更提供了清晰、落地的"重养"路径。从识别脆弱、深挖根源，到能量提升、自我超越，每一步都结合心理学原理，辅以真实案例与实操练习（如第四章的自我认同感建立、情感边界设立、习得性无助突破等）。

尤为珍贵的是，作者以亲身蜕变的经历，传递出强大的信念：无论起点如何，每个人都能通过觉察与行动，成为自己内在的"好父母"，补足缺失的心理营养，唤醒自身本就拥有的力量。

这本书，是关于自我疗愈的深度指南，更是关于内在力量觉醒的宣言。它告诉你：你本就很好很好，现在需要的，只是重新拥抱真实的自己，让生命绽放本就属于你的光彩。

李文超

心理学家 | 幸福心理学创始人

前言

重新养育自己，
解锁内在力量

改写人生剧本，
遇见光芒万丈、
魅力四射的你

　　生命是一场孤独的远行。在这个旅途中，我们每个人都是背负着梦想和恐惧的旅行者。我们赤手空拳而来，却在途中不断拾起梦想、希望、挫折与创伤，并将它们一一装进行囊。有的人步履轻盈，有的人举步维艰，不管怎样，我们每一个人的行囊里都装着独一无二的故事。

　　我之所以写这本书，是因为我的心中充满了对每一位旅行者深深的关爱和同情。我自己就曾是那个在风雨中挣扎、在黑暗中寻找光明的人。我的挫折来得比较早，24 岁，本应是人生最绚烂的年华，由于工作发展受挫，同时遭遇情感创伤，我得了焦虑症。记得在那些辗转反侧的夜晚，我望着天花板，苦涩地想：难道我的人生就要被这些药瓶锁死吗？不甘与倔强令我毅然停止服药，踏上了寻求自我救赎的旅程。这条路注定充满险阻，但我知道，唯有穿越黑暗，才能遇见光明。

我开始大力自学心理学，深入了解自己的内心机制，同时也积极探索各种兴趣爱好，丰富自己的生活，寻找提升内在力量的方法，学习爱自己的方式，像养育一株幼苗般，重新滋养自己的灵魂。

在这个过程中，我不仅学会了如何管理和面对自己的焦虑，更在一次次跌倒与爬起之间，找回了内心深处的力量。每一次面对挑战，我都在焦虑与成长之间反复拉扯，但正是这无数次的调整与坚持，让我从被情绪掌控，到学会与之共处，最终我不仅战胜了焦虑，更将它熬炼成养分，把曾经的伤口化为能够暖人的光。如今，我想把自己的专业和经验化作微光，为他人照亮前路。

回头看，如果当初没有得焦虑症，今天的我或许不会如此坚定和成熟，也无法成为一个能引领他人走出困境的"领路人"。那些痛苦不堪的挫折其实都是命运精心包装的礼物，蕴藏着宝贵的成长机会。只有那些勇敢面对生活的人，才能经受得住考验，并将暗藏其中的力量转化为前行的动力。

处于人生低谷时，我们都会感觉自己像一叶扁舟，在波涛汹涌的大海中颠簸，几乎被吞没。绝境是我们被迫向内探索的契机。当外界风雨交加时，我们才会意识到，真正的依靠，从来不在彼岸，而在我们内心深处。身处顺境时，我们往往会在无意中挥霍自己的运气，沉溺于安逸；而逆境则是磨炼心智、锤炼灵魂的机会，令那些曾让我们颤抖的困难，成为自我成长的基石。

想要改变自己的命运，关键在于，你是否愿意停止向外索取，转身向内，去发掘那个被低估的自己？你是否愿意在一次次困境中，摒弃无助的叹息，向内探寻心灵深处的潜能？因为真正的力量，一直都藏在我们的内心深处。每个人的内在都蕴藏着无穷的智慧、勇气与可能性。只是许多人终其一生都误以为只能靠别人给予支持和力量，从未真正走进自己的内在世界，更没有机会触碰那份深藏着的力量。

本书也可以说是我个人转变的见证，它提供了大量的方法，帮助过包括我自己在内的很多人，一步一步从内心的虚弱中走出来，学会了自我关怀、自我疗愈、自我成长并最终找到了真正的力量，突破命运的界限。每一章、每一页，都倾注了我对于成长的深切感悟。

如果此刻的你，正站在人生的一道关口前，感到迷茫、无力，甚至怀疑自己是否有能力跨越眼前的困境。请相信，你并不孤单，你的内在深处比你想象得更强大。本书将帮助你打破内心的束缚，我们将一起找到那些困住你的情绪、思维和习惯。在这个探索过程中，我将带你深入理解自尊心、自我价值感、安全感、自信心，以及自我胜任感这些构成内在力量的核心要素。你将学会如何识别和打破那些削弱我们内在力量的卡点，并在日常生活中提升自己的内在力量。我们将一起学习如何面对生活中的压力，从而不再被焦虑裹挟，以及如何在追求个人成长的道路上保持内心的稳定。

在本书中，我分享了我的蜕变之旅——从直面自我的脆弱，到追溯这些脆弱背后的深层原因，再到一步步改变自己，让自己走向身心健康。这一切都是为了帮助你，像我一样，逐步走向内心，去发现并唤醒那里蕴藏的无限潜能和力量。

无论你现在处于人生的哪个阶段，无论你面临什么样的困境，这本书都是一把钥匙，引导你将内在的力量转化为外在的行动，带你实现自我超越，改变命运。只有当我们认清自己并开始接纳自己，拥抱自己的不完美，并且勇敢地面对内心的恐惧时，我们才能释放那股被束缚的潜力。

如果我能够找到出路和答案，那么你也可以。请相信，你远比自己想象得强大。只要你愿意踏上这场心灵旅程，你终将活出属于自己的辽阔人生。

如何阅读本书

亲爱的读者，这本书为你提供的不仅仅是知识，更是一个可以落地实践的框架，一份引导你探索自我，增强内在力量的指南。阅读它的过程，不仅仅是获取知识的旅程，更是一场关于觉悟与成长的练习。每一章、每一节，都将为你打开新的思路，让你在思考中察觉，在察觉中前行。更重要的是，我希望你能将这些思路融入生活，让它们不单单停留在纸上，而是成为你成长之路上的助力。为了帮助你更高效地利用本书，并真正迈向自我提升，以下是一些建议。

当你开始阅读本书时，请带着自我探索的心态。每翻开一章内容，试着将自己置入书中描述的情境之中，思考这些内容与你自身经历的匹配度。遇到特别引发共鸣或深思的部分，不妨用笔记录下你的感受和想法。这些停顿和思考，将帮助你更深刻地理解自身的内在需求。

你将发现，本书的结构是循序渐进的成长路径，先抛出内在匮乏的症状，再带领大家自我觉察、自我剖析，最终一步步迈向更加稳固的内心状态。因此，建议你从头开始，逐章阅读。不用急于翻完整本书，而是让每一章的内容充分融入你的生活，并跟着练习，感受它给你带来的微妙变化。这种慢慢沉淀的方式，将帮助你在不知不觉中提升自我，释放自己全部的潜力。

在书中，你将接触到许多具体的工具和练习，例如如何重建自我认同感、如何克制欲望或培养正念。请尝试将这些方法融入日常生活，例如每天进行晨间的自我肯定练习，或为自己量身定制能量补充清单并加以实践。这些实践是推动你发生改变的关键。

成长并非一蹴而就，而是一个需要耐心和反复实践的过程。因此，建议你定期回顾本书的内容。每隔几个月，你可以重新翻阅那些与你当下状态最相关的章节，观察自己在这个过程中的变化。每一次重读，你都会在相同的内容中发现新的视角和意义，从而更深刻地感受自己的进步。

如果你觉得独自实践有些困难，不妨邀请朋友或家人一同阅读这本书，彼此分享心得和体会。如果想与我分享和探讨，可以关注我的微信公众号（韦珊心理课堂）。找到志同道合的人，共同探讨并相互鼓励，将会让你的成长之路更加多彩和温暖。请始终相信，你的每一分努力都会成为改变的基石。

最重要的是，要记住，即便每次实践看起来微不足道，它们的积累终将带来深刻的转变。无论你从何处起步，只要迈出第一步，你的生命篇章就已经在重新书写。愿这本书为你点亮前行的方向，让你在每一个日子里，都能找到属于自己的内心力量与平静。

第一章

识别内心的
脆弱

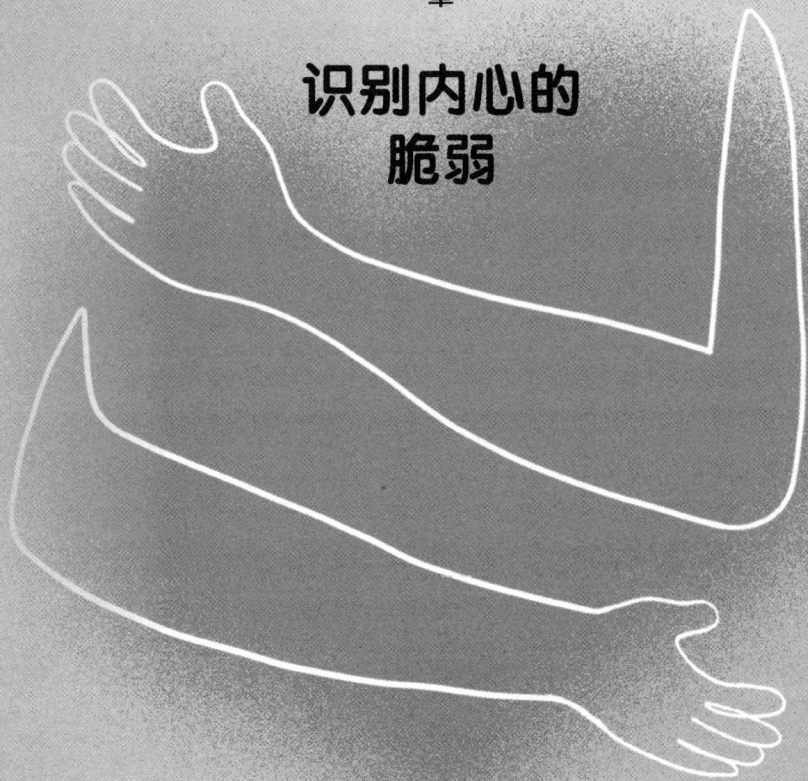

在我作为心理导师的旅途中，我遇到了无数渴望改变命运的人。他们看似很清楚自己的问题，却总是踌躇不前。他们对我说："韦珊老师，我真的很想改变自己。我不想每次因为小事就情绪崩溃。我知道自己卡在哪里，也知道该怎么做，但我就像被封印了一样，无力改变！"这种无力感，正是内心缺乏力量的真实写照。知道却做不到，就仿佛被一层透明的屏障困住，任凭自己如何挣扎，都无法真正跨过去。这种状态，就像《西游记》中的孙悟空被如来佛祖压在五行山下，被六字真言封印了一样。

在本书的首章，我们将深入探讨那些"封印"了我们内在力量的各种状况。你会了解到那些拖延、无力感、情绪波动，甚至反复跌入的困境，其实并非人生偶然的际遇，而是一种可以被识别、理解，进而调整的心理模式。只有在你看见自己的症结所在后，才能找到突破它的方法，并真正踏上成长的起点。

所以我们需要清晰地知道自己的问题在哪里，想要什么，为什么要这样选择，以及如何才能坚定地往正确的方向走下去。唯有看清楚自己的问题在哪里，才能让自己逐步挣脱那些无形的束缚。那么，一个人缺乏内在力量，具体有哪些表现呢？

第一节

精神内耗

| 这其实是一种心灵的呼救，需重新找回前行的动力 |

精神内耗是当代社会普遍存在的问题，悄无声息地腐蚀着我们的精神世界。如果你感到自己总是精神疲倦、心神不安，那么很可能你存在"精神内耗"的情况。[1]精神内耗的具体表现如下：

第一，对一切过度分析的习惯。生活中的任何一件事，不论大小，都有可能成为你反复咀嚼的素材。而这种反复咀嚼不是为了解决问题，更像是一种心智上的强迫症。比如，对别人不经意说的话进行过度的分析和思考。"他这样说是什么意思？""如果我当时不那样回答，是不是就好了？"这种反复咀嚼并不是为了解决问题而进行的思考，而是陷入了自我苛责与完美主义的死循环。怕犯错、怕被误解，于是用"想太多"

---

1 扈婷，刘敏. 当代青年群体精神内耗现象分析及其应对策略研究 [J]. 心理学进展，2004，14（6）：301-308.

来代替"信自己",结果越想越乱,越想越累。

第二,无效且停不下来的思考。反复琢磨同一件事,你以为不停思考能带来答案,实则只是用"思考"来延迟行动。决定了又推翻,推翻了又否定,循环往复,像被困在迷宫中。这种表面上的"深思熟虑",实质是一种焦虑型的自我保护。你太想掌控一切,行动的勇气却因此受困。

第三,停不下来的烦恼。你明知焦虑无益,却仍忍不住反复担忧和模拟最坏的可能。这种持续的烦恼,往往是对结果的不信任、对自己的怀疑。你越在意,心就越沉重;你越纠结,行动就越迟缓。很多时候,你烦恼的不是现实,而是对现实的想象。

精神内耗其实是一种"心灵的耗电状态",无法带来实质进展,心灵却一直在高频运转。它不是你懦弱的表现,而是内在积压太久、没有出口的情绪在寻求释放。它在提醒你:该停一停,听听自己真正的声音。学会松一口气,让内心有片刻的空白,那些缠绕着你的纠结,才会慢慢松开。当你开始尝试温柔地陪伴自己时,你就已经在迷宫中向有光亮的方向靠近了。

第二节

精神依赖，像长不大的孩子

| 请发自内心地去探索和追求自己的价值 |

有一次在我的直播间里，一位50多岁的女士带着哭腔和我连线。她哽咽着说，父母要求她卖掉自己唯一的房子，为那个一直无所事事的弟弟买房娶妻。弹幕瞬间炸开："大姐，你都50多岁了，还这么怕父母？""你自己都过不下去了，还要当'扶弟魔'？[1]直接拒绝不就好了？"她自然做不到这一点。从小到大，她的价值观就围绕着一个核心：只有通过照顾弟弟，才能获得父母的爱。她虽已年过半百，却依然活在父母评价的阴影里，在"好女儿"的角色中小心翼翼，从未真正长大。她的价值感从未属于自己。如果我们总是在追求他人的认可，那我们自己的生活又何时能够真正开始呢？

内在力量不足的人，往往在亲密关系中找不到立足点。他

1　网络用语，指一些受原生家庭影响对亲弟弟不计成本地奉献自我的姐姐。——编者注

们渴望被接纳，又害怕真实地表达自我；渴望靠近，却又时常感到格格不入。他们习惯于依赖家人的精神支持，甚至将自我认同建立在满足家人的期望之上。为了不失去关系，宁愿失去自我。他们害怕冲突，怕一开口就破坏了脆弱的联结。于是，委屈自己、保持沉默、压抑自我，成了他们维系关系的方式。长此以往，他们失去了自我，也丧失了平衡关系的能力。

若一个人长期精神上依赖别人，他就会像是一个长不大的孩子，永远在等待一个"可以"的许可。在家庭、职场、爱情中不断寻找"依附"，一旦失去依靠，就陷入焦虑与不安。他们习惯于被安排、被引导、被认可，甚至连日常的选择都要由他人来做决定。这不仅削弱了他们的行动力，更慢慢侵蚀了他们内在的勇气与判断力。心理学家爱德华·L. 德西与理查德·弗拉斯特在《内在动机》中指出，个体如果长期陷于外部依赖，将难以激发内在动机，逐步丧失自我驱动力与成长能力。这些人在人格发展上往往停留在童年，从未真正踏上独立的旅程。[1]

---

1 爱德华·L. 德西，理查德·弗拉斯特. 内在动机：自主掌控人生的力量［M］. 王正林，译. 北京：机械工业出版社，2020. 作者在书中探讨了长期依赖心理如何削弱个体自主性，阻碍其内在动机的发展。

生命的意义，从不是讨好与附和。我们终其一生的功课，是从依赖中醒来，回归自我。唯有当你开始发自内心地探索"我是谁""我想要活出怎样的人生"，你才真正踏上了成长的道路。

第三节

自我价值感缺失，深感自卑

| 真正的幸福源于内在力量的稳固，而非他人的认可 |

有些人在事业上游刃有余、充满自信，但一旦进入亲密关系就会变得敏感、自卑、充满不安。这是因为，他们的安全感并非源于内在，而是依赖外部条件，对他们而言，"幸福"是他人给予的礼物，而不是源于自身的内在力量。

我的一位男性来访者，出身贫寒，十几岁便辍学打工，干过学徒、挖过煤、凿过矿，付出了常人难以想象的努力，最终闯出了一番事业，成为世俗意义上的成功人士。然而，一些他不曾拥有的东西——知识、文化、优雅谈吐，以及那种举手投足间流露出的自信，始终让他深感自卑。所以，当他遇到一位受过高等教育、谈吐优雅的女性时，他感到那个他渴望却无法真正融入的世界仿佛突然变得触手可及。他深深地被对方吸引了，挥金如土只为博红颜一笑。

他曾向我提及，某一次到女方家中拜访，看到客厅的一整面墙整整齐齐摆满了各类书，洗手间的地面上也堆着高高的一摞书。那一刻，他除了敬佩，更生出一种难以言喻的失落。那些书像是一面镜子，映照出他生命中某个长期缺失的部分。他对"文化人"的向往，因缺乏知识的自卑，让他对这段关系的执念更深。他不断付出金钱，试图以财富和社会地位获取对方的青睐，像个焦急的孩子，等待着被允许进入他仰望的世界。可无论他怎么表白，始终未能赢得对方的芳心。他对我说："一年少赚一千万都不会让我难受，但得不到她，我感觉世界黯淡无光。"

他的执念，乍看之下令人费解，但当我们逐步了解他的成长背景，一切便清晰起来。他真正渴望的，从来都不是这位女士的爱，而是通过她的认可来证明自己的价值。他拥有财富，却缺少自我认同。他想用金钱来换取关注，用"成功"来换取认可。

从他的行为模式中，我们可以看到几个核心因素推动他产生执念：

第一，他对自我价值的认同高度依赖外界。他试图通过对方的接纳来填补内心的匮乏，确认自己的存在感。第二，他将对方的学历和气质作为自身教育缺失的补偿。他爱上的并不是那个人，而是对方所象征的东西——一种他无法拥有的"文化身份"。第三，得不到的爱让他愈发沉迷，他的执着并非源于真正的感情，而是一种心理补偿。他以为是在追求爱情，实则是在试图填补内心的空缺。

从心理学角度看，内心力量的缺失，使得人们对爱的渴望更像是一种深不见底的心理补偿。这种需求本质上无法被他人满足，因为根源在于自己未被疗愈的内在创伤。[1] 倘若以他人为锚，试图泊靠内心的虚空，终会发现，爱如流沙，握得越紧，消散得越快。

或许我们每个人都曾在生命中的某一个阶段，把幸福寄托在他人身上。但痛过之后我们才会明白，真正的幸福源于内在力量的稳固，而不是依赖外界的给予。唯有灵魂自足，才能在人间爱而不困，行而无惧，不因渴望谁而迷失，也不因失去谁而崩塌。

---

1 克里斯多福·孟. 亲密关系：通往灵魂的桥梁 [M]. 张德芬，余蕙玲，译. 长沙：湖南文艺出版社，2015. 作者指出，过度情感依赖的根源在于未被疗愈的内在创伤，只有通过内在修复才能真正满足深层次的情感需求。

第四节
讨好者的恶性循环

| 当你不懂得爱和认可自己时，你便觉得内心匮乏 |

在做个案的过程中，我不时会遇到讨好者。他们就像舞台上的演员，不断变换面具，只为博得周遭人的喝彩。

有一位来访者名叫Alice，在职场上，她总是那个最早到、最晚走的人。团队开会讨论方案，她总是第一个站起来给大伙儿买饮料的人；团队聚餐，她忙前忙后，只希望让每一个人都满意。相较于事业的成功，她更渴望得到同事及上司的认可和喜欢。然而现实并非如她所愿，她渐渐发现，那些曾经的赞许和喜爱慢慢被抱怨和指责取代。她不仅成了任人使唤的小助理，甚至还成了某些脾气不好的同事的出气筒。

这就是讨好者的悲剧，他们将自己最好的一面献给了他人，把委屈和疲惫留给自己。在精神上卑微地祈求别人的爱和认同，却换来冷漠甚至轻视。

为什么说讨好是内心力量缺失的表现呢？因为在讨好者的

潜意识里，他们并不真正相信：自己值得被爱是因为"我就是我"。他们怀疑自己的价值，认为唯有让他人满意，感到舒服，才配得上被喜欢、被接纳。从依恋理论的角度来看，讨好的背后往往藏着一个在早年没有获得"无条件之爱"的孩子。他们可能成长在一个被忽视、被挑剔，或被"有条件"地爱的环境中——只有当他们乖巧懂事、成绩优秀、顺从听话时，才能换得短暂的关注与肯定。久而久之，这种"必须讨好才有资格被爱"的信念深植心中。于是，他们带着这个未被看见的创伤，走进成年的人际关系里，不断重复童年剧本：害怕拒绝、压抑自我、迎合他人，只为换取一点点安全感与归属感。

另外，讨好者行为也与低自尊有关。自尊，是一个人对自身价值的总体评价，而低自尊的人极度依赖外界的认可，他们不相信"我本身就足够好"，于是只能通过不断努力让他人满意，才敢肯定自己。外界的评价，成了他们衡量自我存在感的唯一标尺。久而久之，这种对外部反馈的依赖，令讨好者的自尊就像一口无底的井，怎么也填不满。他们活得小心翼翼、疲惫不堪，始终换不来内心真正的安定和平静。

本质上，讨好不是出于真正的关爱，而是一种深层的自我保护机制。他们试图通过迎合来避免冲突，通过牺牲来换取认同。这种模式的背后是对被拒绝、被否定的深深恐惧。他们怀疑自己的价值，所以用尽全力证明"我值得被爱"。

可内心的匮乏，终究无法靠外界填满。越渴求认可，越容易迷失在取悦他人的途中；越依赖回应，就越容易被他人的情绪牵着走。

真正的力量，从来不是"让别人满意"，而是学会向内扎根，不再向外索取。只有这样，你才会发现，不需要讨好别人，自己也值得深深被爱。

第五节

"受害者"的思维陷阱

| 忽略自己应承担的责任时，关系往往会陷入僵局 |

一个内在没有力量的人，会很容易掉入受害者思维陷阱。这些人仿佛永远贴着"受害者"这个无形的标签。他们将所有的不如意、不被理解、被辜负，都装进"我很无辜"的叙事里，内心不断重复着同样的台词："我被冤枉了""都怪别人""我很委屈"。在这样的思维模式中，所有的苦难都有了合理解释："这不是我的错"。这六个字就像护身符，让他们免于面对现实，免于承担改变的责任。

在亲密关系中，这种情况尤为常见，常表现为一种"等着对方改变"的心态。许多女性来访者在讲述婚姻问题时，总会重复一句话："老师，我老公结婚后就好像变了个人。"她们固执地认为"是他变了，我是无辜的。只有他变回来，我们才有可能好"。这种思维太狡猾了，既能将责任全部推给对方，还能轻松地逃避自己的人生功课。

一段关系之所以卡住，往往不是因为一个人的变化，而是两个人的互动出了问题。当一个人将改善的希望完全寄托在对方身上，便也放弃了自己主动改变的权利。真正的成长，始于我们勇敢放下"我是受害者"的标签，开始审视"我在这段关系中，有没有可能也需要负一点责任"。只有当我们愿意从抱怨中抽身、从委屈中醒来，才有可能迈出改变的第一步，让关系从僵局中出现缓和的机会。这不是为了迁就谁，而是为了唤醒自己。

"受害者思维"不仅仅是一种消极的心理状态，更是内在没有力量的一种显现。它往往并非源于某一次具体的打击，而是根植于早年累积的创伤经历——如果一个孩子长期被忽视、被误解，或在高压与缺乏情感支持的环境中成长，那么他很可能会在潜意识里形成一个根深蒂固的信念："外界对我是不公平的，我注定是被伤害的那一个。"这样的认知，像一层滤镜，在他成年后的生活中悄然运作。当他面对人际冲突、挫折、误解时，内心总会自动滑入那个熟悉的位置——"是他们错了，我只是受害者"。这种自动化的反应机制，让他得以短暂逃避自我质询，却也无形中剥夺了他成长与改变的机会。

将责任交给外界，就是放弃了改变命运的主动权。只有当我们勇敢摘下"受害者"的标签，承认自己的情绪、看见自己的力量，才能真正开始针对那些被忽略的内在创伤进行自我修复。

第六节

自我否定，自我怀疑

| 这是一种精神内耗的极端形式，即自我压迫的状态 |

自我否定不仅是一种情绪，更是一种会持续影响我们人生轨迹的心理状态。它让人习惯性地低估自己，时常觉得"我哪儿都不如别人"，并因此陷入"别人不会喜欢我"的焦虑中。在这样的心态驱动下，我们会用一种近乎残酷的方式审视自己的每一个缺点，就好像活在一个由自己亲手打造的牢笼里，每一根铁条都刻着"我不够好"的字样。

这类人的内在往往充满了脆弱的自我认同和低自尊，而这些并不是凭空而来的。很多人从小就生活在过高期待与过度批评之下，总被灌输"你只有足够努力，才配得上肯定"。于是他们将外界的认可作为唯一的价值来源，即使长大后已经足够优秀，也依然难以真正接纳自己，常常担心一旦放松就会失去一切。

"自我压迫"这个词虽然带着讽刺意味，却精准揭示了这种模式的真相。我遇到过很多来访者质疑："老师，我有这些想法，不正说明我有问题吗？"他们并不是真的在寻求答案，而是想让我"确认"他们不够好，以此来强化他们内在的自我审判机制。事实上，他们真正的问题，并不是能力差、情商低，而是习惯了活在"自我贬低"的视角中，把任何差错或停滞都等同于失败。

我的一位来访者是一个事业心很强的职场女性，她从二线城市转岗到北京，本有一周的休息时间，却满心焦虑地问我："我也想好好休息一下，但是这样是不是证明我很懒？"在她的认知里，停下来意味着退步，而"浪费时间"更是一种不可原谅的自我放纵。而当她开始新工作后，这种焦虑不减反增，她经常怀疑自己是否能胜任新工作，甚至想过放弃。

你也许会以为她的焦虑是因为能力不足，其实不然，她各方面表现出色，完全能胜任新的岗位。但她始终活在一种"我还不够好"的评判体系里，对自己极端严苛，不允许自己犯错，不允许自己停下。她的成长历程中充满父母过高的期待和过度的批评，使她从小就被灌输"只有足够努力，才值得被肯定"的观念，以至于在成年后，即便已经足够优秀，她仍然很难给予自己真正的认可。

就像是站在高空钢索上的舞者，在这些人的眼中，脚下是万丈深渊，停下来就意味着坠落，意味着被否定、被遗忘、被淘汰。他们习惯了用勤奋掩盖恐惧，用成就压制空虚，却从未真正建立起对"我是有价值的"这句话的内在认同。每一次努力，都带着焦虑的求证意味——"我现在这样够好吗？别人会满意吗？"但这世界上的认可，好像总是来得太迟、太少，永远填不满他们心里的那个黑洞。

对于内在力量不足的人来说，负面的自我认知会成为他们前进路上的绊脚石。习惯用过于严苛的标准来衡量自己，放大不足，就会对自己的成就和优点视而不见。这种思维模式不仅让他们对自己的能力充满怀疑，还令他们过分关注失败的可能性，而不是寻找问题的解决方案。[1]久而久之，每一次的退缩都进一步加深了他们"我做不到"的信念，形成了一个不断强化的恶性循环，使他们难以真正突破自身的限制。

关于自我否定，我常常举的例子是"过度整容"。在娱乐圈中，这样的例子不胜枚举。曾经面容灵动、气质独特的人，

<hr>

[1] 卡罗尔·德韦克. 终身成长：重新定义成功的思维模式［M］. 楚祎楠，译. 南昌：江西人民出版社，2017. 本书区分了"固定型思维"与"成长型思维"，指出固定型思维者常因害怕失败而自我设限，将能力视为无法改变的属性，从而放大恐惧、限制发展。

因为一次次整形，最终变得面目僵硬，甚至难以辨认。明明是想更美，却在通往"完美"的路上，与真正的美渐行渐远，最后连原本的自己都找不到了。

每一次手术，看似是对五官的微调，实则是内心深处那句"我还不够好"的投影。她们反复修饰的，其实并不是脸，而是那颗始终无法接纳自己的心。她们想从镜中看到一个"值得被爱"的自己，却忘了，真正值得被爱的，不是外貌，而是那个完整、真实、充满生命力的灵魂。

当我们不再用"完美"来定义自身的价值，不再拿"表现"换取爱和肯定时，我们才能从自我压迫中解放出来，活出真正的自我。

第七节
缺乏行动力和习惯性退缩

| 你是否总是害怕失败，不敢迈出第一步 |

很多人有过这样的经历：站在改变的门槛前，却迟迟不敢迈出那一步。明明内心有个声音在轻轻召唤，却总有一种无形的力量将你拉住，让你裹足不前。无论是开始健身、学习新技能，还是仅仅改变一个旧习惯，想做的念头时常浮现，行动却总是跟不上。这种迟疑和拖延，如同一道看不见的围栏，限制了我们的勇气，也削弱了我们对自己的信任。每一次设定目标却未能付诸实践，内心便悄悄种下了一颗名为"挫败感"的种子。它不声不响，在我们心里扎根，一点点消磨我们的意志力。

可能是简单的信用卡账单核对，或是回复一封邮件，这些看似微不足道的琐事久拖不办，就像雪球越滚越大，成了压在心头的无形重担。而一旦我们下定决心动手解决，才会发现要解决它们其实并不难，难的是迈出第一步。

缺乏行动力的根源，远不止拖延或懒惰那么简单，更深层的是一种"习惯性退缩"的模式，即明知道一个机会可能会改变人生，却会下意识地后退一步，选择视而不见。这种行为背后，隐藏着的是"畏难"——一种对未知的恐惧、对失败的担忧，以及对自己的能力的深度怀疑。

畏难心理的本质，不是表面的恐惧，而是自我价值感的脆弱。当我们不相信自己足够好、足够强，就会本能地感到"我做不到"，于是开始退缩。每一次的退缩都在向自己传递一个信号：我不行。这种思维模式和行为习惯，就像是一个封闭的循环：越害怕，越不行动；越不行动，越自我贬低；而自我贬低又进一步加剧畏难情绪，让人彻底陷入停滞状态。

要打破这个循环，关键在于两个字：觉察。觉察到自己正在习惯性退缩，并在这一刻选择采取哪怕一丁点儿的行动。哪怕只是回复一封邮件、完成一个小任务，也足以撬动沉睡的行动力，打破旧有的心理惯性。在后续章节中，我们将详细讲解如何通过练习，逐步建立起"即刻行动"的能力，帮助你找回生活的节奏感，重新掌握人生的主动权。每一次真正迈出脚步，都是在对内心宣告：我可以。

第八节

人生无意义感

我曾经在课堂中问过大家一个问题：内心缺乏力量的话，最直接的感受是什么？有人坦白说："觉得活着好像没有什么意思。"空气突然凝固了。这句话似乎击中了那些许多人不愿启齿却又藏在心底的共鸣。

许多人或许都曾经历过这样的时刻——早上醒来，看见窗外的天色和昨天几乎一模一样，日复一日的生活让人感到麻木，内心空荡得像一间无人打理的老屋。

从心理学的角度来看，这种"人生无意义感"并不是懒惰或消极的表现，而是内在力量匮乏的外在呈现。马斯洛的需求层次理论指出，自我实现是人类最高层次的需求，意味着一个人活出真实的自我，去实现内在的潜能与价值。当我们缺乏内在的力量时，这条通往自我实现的道路便变得遥远崎岖。我们找不到方向，看不清前方，自然也就感受不到生命的意义。当一个人失去了与内在的联结，便容易觉得生活无趣、未来无望。而找回力量，正是重新与内在对话、重新燃起生活的火焰。

此外，维克多·弗兰克通过存在主义分析理论，提出意义感对于人的心理健康至关重要。他认为，能够找到生活的意义是人类存在的核心动力。[1] 无力者，困于苦难而无力挣脱，沉于挑战而难觅意义。唯有当内心深处那一点微光被点亮，我们才可能在风雨中淬炼出属于自己的意义与方向。

如何在看似平淡甚至乏味的生活中，找到属于自己的生命意义，是每一个人都要思考的命题。生活的意义从来都不是外界给予的，而是由我们自己定义的。它藏在某个清晨的阳光中，藏在一次专注的创作里，藏在每一个鲜活的当下。就像孩子在河边嬉戏，他们不问归途，不求结果，玩耍本身就是最纯粹的意义。

如果你问我：生命的意义是什么？我会告诉你，它如同溪流，随着生命的旅程流转。从年少时的留学梦想，到对成家立业的渴望，再到走入心理咨询室，每一个阶段的我，都在用行

---

1 维克多·弗兰克. 活出生命的意义［M］. 吕娜，译. 北京：华夏出版社，2010. 弗兰克在这本经典著作中结合了他在纳粹集中营中的亲身经历，深刻阐述了意义感对于人类心理健康和生存的重要性。他认为，找到生活的意义是人类存在的核心动力，是对抗苦难、实现内心成长的关键。

动回应着生命的召唤。正是这些发自内心的热爱，让我找到了属于自己的方向，也让生活真实而饱满。因此，如果你正经历迷茫，不妨回归内心，去寻找那些让你心动的事物。热爱所至，方向自明；步履不停，生命自会丰盛璀璨。

读到这里，我们已经了解了内在力量对人生的影响，也看见了当我们失去它时，生活会呈现出的种种问题。虽然它看不见、摸不着，却真实地影响着我们的每一次决定与选择。接下来，我会用一个简单却深刻的"内在力量洋葱模型"（见图1-1），带你一步步揭开内在力量的结构，帮助你更直观地理解它，并找到修复和滋养内在力量的起点。

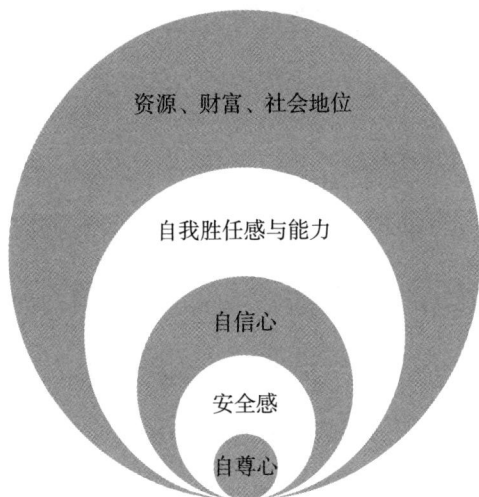

图 1-1　内在力量洋葱模型

核心层：自尊心

这是内在力量的根基，决定了我们如何看待自己，并赋予自身何种价值。如果一个人的自尊心健康，那么他无须依赖外界认可就能感受到自身的价值。相反，低自尊会导致我们不断向外在索取认同，试图用外在的成功填补内在的空缺。真正的力量，来自内心对自己的接纳与珍视，而非外界的评价。

第二层：安全感

安全感是一切心理稳定的基石。当我们感到被世界接纳、被关系滋养，就能在生活中展现真实的自我，敢于探索和成长。缺乏安全感则会让人陷入防御模式，不敢冒险、不敢表达，甚至陷入取悦他人的循环。内在力量的稳固，源于我们能否在面对不确定性时，依然保持内心的安定，而不是随外界的风吹草动而摇摆不定。

第三层：自信心

自信并非盲目的自我膨胀，而是建立在对自身能力和潜力的深刻认知之上。当一个人相信自己能够达成目标时，他的行动会更加果断，面对挑战也更愿意坚持。真正的自信不需要外界的证明，它来源于个体与自己达成的默契——"我知道自己可以做到"。

第四层：自我胜任感与能力

这一层决定了我们能否将愿望变为现实。它涉及我们的技能、经验、学习能力和行动力。拥有自我胜任感的人，不仅知道自己想要什么，更重要的是，他们相信自己有能力达成目标，并愿意为之付出努力。行动力是内在力量的具体体现，它让我们不仅拥有想法，还能将想法落地。

最外层：资源、财富、社会地位

这是最容易被外界看到的部分，也常被误认为是力量的真正来源。然而，真正稳固的内在力量，并不依赖于财富的积累或地位的提升。资源、财富和社会地位可以提供助力，但它们并不构成一个人真正的力量。如果缺乏内在的稳固，外在的一切都可能瞬间崩塌。

我们理解了这五层结构后，就会明白，真正的力量并不取决于外界的认可和物质的积累，而是源自于自尊、安全感、自信、胜任感这些内在基石的稳固。唯有向内扎根，才能真正活出稳定、自主、不受外界左右的强大人生。

第二章

深挖内在匮乏的根源

每个人都渴望活得坚强而自信，但是深埋在内心的各种创伤却限制了我们发挥自己最大的潜力。这些隐秘的脆弱与匮乏，并不是一朝一夕形成的，而是随着岁月沉淀下来的。只有直面内心，深挖那些被忽略的创伤与恐惧，我们才能真正疗愈自己，重塑内在的力量，活出内心的丰盈。

　　内在匮乏的根源不一，它可能源于童年经历、成长环境，也可能是社会影响和个体发展的共同作用。许多问题的种子年幼时便已埋下，在成长的关键时刻，我们可能缺乏关爱、被过度保护、被忽视与否定，等等，这些经历都有可能扎根于潜意识，影响着成年后我们的自我认知和行为模式。

　　父母的教育方式和家庭氛围，对我们的性格塑造至关重要。那些被不断要求"乖巧""听话"的孩子，长大后习惯性地讨好别人，压抑自己的真实感受。而那些在严厉或冷漠环境中成长的孩子，会容易陷入自我怀疑。很多人在成年后不断挣扎、试图改变，但那些早年形成的心理模式就像是被植入身体的电脑程序，总会让人不自觉地回到最熟悉的模式。

在成长的过程中，我们不断接受外界的评判，习惯于以外界的眼光来审视自己的价值。尤其是社交媒体盛行之后，我们更习惯于将生活的光鲜面展示在他人面前，同时在私下里默默承受着压力和焦虑。这种表里不一的生活方式，让我们越来越迷失自我，内心也愈加脆弱，稍有风吹草动便摇摇欲坠。

要修补这些内心的裂痕，找到根源便是我们迈出改变的第一步。在这一章中，我们将探讨内在匮乏的多种成因，从童年创伤、家庭教育到心理机制的形成。希望通过深入剖析这些成因，帮助你认清自己的模式，找到通往内心的道路，打破命运的枷锁，创造属于你自己的第二人生剧本。

人生剧本

| 我们最初的性格和行为模式，源自原生家庭的无形塑造 |

为什么有的人天生乐观开朗，面对困境能够泰然处之，而有些人似乎总是被阴影笼罩，一点小事就能把他们拉入情绪的深渊？这看似是性格的不同，实际上是每个人拿的人生剧本不同。人的一生有两个"命运"：第一个命运出生时就被赋予，是你的父母、你的原生家庭，这是无法选择也无法改变的。第二个命运是你长大后的命运。它掌握在你手里，是可以通过自身的努力来改写的。

原生家庭决定了我们的"出厂模式"，英国心理学家约翰·鲍尔比的依恋理论指出，儿童时期，我们与主要照顾者之间的关系，会影响我们的人际关系和自我认知。心理学家艾丽斯·米勒在《为了你好》[1]一书中也提到，童年时期未被满足的情感需求和未被治愈的创伤，会导致我们内心自卑、焦虑、过度自我怀疑等。这就像一把无形的锁，把人困在原地。很多人被自己拿到的人生第一个剧本"封印"了，或一生带着匮乏感生活，碌碌无为；或带着创伤，活在痛苦之中。

虽然我们无法选择自己的第一个人生剧本，但好消息是，我们可以决定是否让它成为人生的全部故事。当你开始觉察，开始反思，开始尝试用不同的方式回应世界时，你已经在改写剧本了。读到这里，或许你已经意识到原生家庭对你影响深远，只有彻底转变思维模式，才能走出困境。但你可能会疑惑："我明白这些道理，可是为什么每次遇到问题，还是忍不住陷入消极情绪？怎么样才能真正做到改变？"

首先，如果创伤一直得不到疗愈，愤怒、悲伤等深层次的情绪不被看见、不被处理，思维模式是无法真正转变的。这些情绪潜伏在内心深处，会在某个时刻不经意间翻涌上来。你可能会因为一句无心的话、一个熟悉的场景而突然失控。只有当

---

1 爱丽丝·米勒. 为了你好 [M]. 余凤霞，郑世彦，译. 北京：北京联合出版公司，2024. 该书深入探讨了童年时期的创伤对个体成年后心理和行为的深远影响。在书中，米勒通过多个案例，揭示了早期教育和家庭环境中隐藏的暴力如何对儿童造成伤害，并强调了正视和处理这些童年创伤的重要性。

你愿意停止对外索取，向内看见自己，情绪才会松动，真正的转变才会发生。

W 是一位女性来访者，她和丈夫已经分居三年，孩子跟着自己生活。其实她跟丈夫之间没有不可调和的矛盾，也没有原则性的问题。婚姻问题说起来都是琐事，可即便如此，她依旧执拗地不肯主动联系丈夫。她说："如果我先低头了，将来也不会有好日子过。"所以她铁了心，表示说："他不来找我，我绝对不回头。"于是，日子就伴随着这种固执念头悄然流逝，她的孩子也因为这份执念，一直缺少父爱。

W 之所以如此固执、不肯低头，是源于她内心深处的情感创伤和长期积累形成的心理模式。W 从小生活在一个缺乏爱与安全感的家庭环境中，父母之间冷漠疏离，二人几乎没有沟通。父亲强势，母亲顺从，她在这样的家庭氛围里耳濡目染，逐渐形成了对亲密关系的扭曲认知。她习惯了情感上的防御姿态，认为一旦妥协或示弱，就会像她母亲那样失去自我，被忽视、被消耗。

她的固执不是单纯的任性，而是一种自我防御机制。她的原生家庭给她灌输了这样的观念：一旦让步，别人就会得寸进尺。因此，她通过坚守自己的立场，来维护自我价值感，而这种防御，也让她与幸福渐行渐远。她始终没有意识到，在这场她以为的"掌控"里，她失去了时间、关系，孩子也失去了本应充满父爱的童年。

当然，可能有人会质疑：为什么要女人去改，而男人不需要改？其实重要的并不是"谁应该让步"，而是如何找到最优的解决方案，让自己和身边人在关系中受益，而非陷入无休止的消耗。

想要真正的转变，就需要先处理这些未被看见的情绪，理解自己固执背后的原因是什么。只有理解这一点，我们才能在不丢失自我的前提下，学会更有智慧地处理关系。真正的解脱，不是赢得一场战争，而是从内在找到自由。

如何摆脱原生家庭带来的束缚，是我们每一个渴望自我成长的人都必须探索的道路。在本书的第三章，我会详细讲解，如何一步步跳出过去的循环，活出属于自己的篇章。

第二节

心理营养的匮乏

| 童年缺乏情感支持，让成年后的内心始终无法满足 |

　　一棵小树苗要想长成参天大树，需要充足的阳光、空气、水和肥料。一个孩子想要拥有健康的人格，在成长过程中，也需要相应的心理营养，如无条件的接纳、安全感、肯定、赞美和认同等。如果缺乏这些"心理营养"，他们就可能会留下心理创伤，成年后容易出现自卑、焦虑、抑郁等情绪和心理方面的问题。[1]

　　缺乏心理营养的人就像是营养不良的树苗，即便勉强长成大树，也可能枝干细弱、叶片枯黄，始终带着"先天不足"。这些心理营养的匮乏，会在一个人成年后影响着他的心理状态、行为模式，甚至整个人生的走向。

1　林文采，伍娜. 心理营养：林文采博士的亲子教育课［M］. 上海：上海社会科学院出版社，2016. 作者在书中探讨了"心理营养"概念，指出情感支持、无条件的接纳和安全感等心理需求，就像身体的营养一样，直接影响个体的心理健康与成长。

缺乏安全感的人对未来充满恐惧，难以信任他人，因此在亲密关系中小心翼翼。或极端依赖，或刻意疏离，始终在"害怕失去"与"不敢靠近"之间摇摆，难以建立稳定而深厚的情感联结；而缺乏自信的人在困难面前容易退缩，他们习惯性地否定自己的能力，一旦遭遇失败，就会陷入深深的自我怀疑，缺乏面对现实、突破困境的勇气。

长期缺乏心理营养的人，容易发展出不健康的应对机制，比如逃避现实、沉迷虚拟世界；或追求短暂的感官刺激，或过度依赖他人的认可，或通过麻痹自己来逃避深层的痛苦。童年时期的心理营养缺失，带来的不单单是一种情感上的空缺，更是深深刻印在潜意识中的匮乏感和不安全感。

认识到这些问题的根源，是改变的第一步。只有当我们真正意识到自己内在的匮乏来自哪里，我们才能找到合适的方式去弥补，重塑稳固的心理基础。

接下来，我们将具体探讨不同类型的心理营养，以及它们的缺失可能会给人生带来什么样的影响。

第一种心理营养是"生命中的第一位"。孩子刚出生的前三个月，是他们建立安全感和自我价值感的关键时期。在这个阶段，孩子对照顾者，通常是母亲，产生了完全依赖。而母亲能否在这个时期把照顾孩子当作生命中最重要的事，是否把孩子当作最重要的人，将深刻影响孩子未来的心理发展。"生命中的第一位"是指母亲不但能在生理上满足孩子的需求，在心理上也要全然接纳与回应孩子。每当孩子哭泣时，她都会恰到好处地回应。每一次拥抱、每一个温暖的眼神，都会让孩子感受到自己的重要性。这些细腻的情感资源是孩子自信心、安全感的最初来源，让孩子感受到在这个世界上的归属感和价值感。相反，如果婴儿在生命最初的几个月里，母亲因种种原因对他的需求反应冷淡，孩子可能就会无意识地形成"我是多余的""我不值得被在乎"的底层信念。这种信念会在日后的成长中悄然渗透进他的自我认同、人际关系里，甚至影响到他对爱的理解。

第二种心理营养是"无条件的接纳"。我们都知道，一岁前的婴儿，除了偶尔露出一个笑脸，其余的时间几乎都是在制造"麻烦"：饿了会哭，渴了会哭，要排便会哭，要换尿布会哭，肚子疼也会哭。对于一个刚降生不久的孩子而言，哭泣不是无理取闹，而是他唯一能表达需求、寻找帮助的方式。如果照顾者能够无条件地接纳这些需求，不厌其烦地回应，那么这个孩子就能从中建立起深层的安全感和信任感。无条件的接纳不只是满足生理需求，更是一种深刻的心理滋养。它意味着不论孩子是开心还是哭闹，照顾者都能够耐心对待，并且不要求回报。这样，孩子会感受到无论在任何情况下，自己都是被爱的。

英国心理学家约翰·鲍尔比提出，拥有"安全型依恋"的孩子（孩子在成长过程中能够感受到稳定、可靠的情感支持）会形成健康的自尊和良好的社交能力，因为他们从小就被无条件地接纳和爱护；而"不安全型依恋"的孩子（孩子在早年经历了忽视、冷漠或不一致的照顾），则可能在成人后面临更多的心理问题。[1] 这也解释了为什么即便一个人出生在富裕家庭，但如果早期没有得到无条件的接纳，他仍然可能感觉内心匮乏。物质的充裕并不能替代情感的滋养。如果一个孩子从小的需求被忽视，情绪被打压，那么即使外在看似拥有一切，内心却依旧可能匮乏和充满不安。

第三种心理营养是"安全感"。零到三岁是安全感的第一个关键时期。孩子根据与照顾者的互动来感知这个世界是否安全、友善、有爱。如果在三岁之前，照顾者能够敏锐地察觉孩子的每一个需求，及时出现并帮孩子妥善解决问题，孩子的安

1　约翰·鲍尔比. 安全基地：依恋关系的起源［M］. 余萍，刘若楠，译. 北京：世界图书出版公司，2017. 鲍尔比在书中提出依恋理论，强调婴儿早期与主要照顾者的依恋关系对人格形成的重要性，深刻影响了心理学和教育学的发展。

全感就会充足。这种安全感深植于孩子的内心世界，默默地支撑着孩子去探索外界、应对未知。然而，如果孩子在需要帮助时，照顾者因为各种原因未能伸出援手，那么孩子的安全感就会匮乏。此外，一些照顾者由于自身心理营养匮乏，无法给予孩子足够的情感滋养。比如，有的父母对孩子的哭声置若罔闻，自顾自地忙碌；有些人在还没具备成熟的养育能力时就成了父母……这样的家庭环境往往导致他们的孩子也面临着诸多成长的问题。如果一个孩子在需要照顾时经常得不到回应，他就会感觉被忽视。精神分析界有一句话："无人回应即绝境。"安全感，正是在一次次的回应中建立，也是在一次次的忽视中缺失。

第四种心理营养是"肯定、赞美和认同"。前三种心理营养与母亲的关系较为紧密，第四种心理营养则更多依赖父亲补充。在孩子三岁之后，他们开始积极探索世界，提出"我是谁""我和其他小朋友有什么不同"等问题。在这一探索过程中，父亲积极的回应和认同能为孩子提供足够的力量和自信心，为他们勇敢地探索世界提供动力。

如果孩子在这一阶段缺乏这种心理营养，长大之后就容易形成讨好型人格。他们内心始终有一个缺口，需要不断依靠外界的认可和称赞来填补。无论是炫耀物质财富，还是渴望他人的夸奖和肯定，本质上都是在试图用外在的风光弥补内心的匮乏。这些人常常表现出不稳定的自尊，他们的情绪和自我评价极易受到外界的影响，缺乏内在的自信。他们可能一生都在寻求外界的认可，活在虚荣的幻象里，用别人的眼光定义自己的价值。

第五种心理营养是"模范作用"。当孩子进入六七岁，初步面对更复杂的人际互动与挫折挑战时，父亲的言行往往成为最直接的行为模范。研究表明，父亲"带领探索 – 处理冲突 – 应对风险"的方式，能显著增强孩子的心理弹性和社会适应力。而在青春期，父亲的高质量陪伴与情绪支持，则可进一步提升孩子处理压力和挑战的能力。[1]

💡 个案分析：

心理营养缺失的人生——小明的故事

小明六岁之前一直和外婆住在乡下，而他的父母远在一线城市打工。对小明而言，真正的亲人是外婆，而不是那些节日里短暂出现的"陌生人"。外婆在村口开了一家小卖部，每天忙于生计，加之缺乏育儿知识，也无法给予小明细腻的照顾。

1　Peter B. Gray, Kermyt G. Anderson. *Fatherhood: Evolution and Humn Paternal Behavior*. Cambridge, MA: Harvard University Press, 2010.

六岁那年，小明被父母接到城里，表面上是"团聚"，实则是与他唯一熟悉的亲人分离。这种突如其来的变化，让小明陷入深深的分离创伤，也给他埋下了性格胆小怯懦的种子。

上学之后，小明与同学格格不入，因贫穷、自卑、不善言辞而遭受冷落与欺负。由于成绩不好，老师也对他疏于关照，父母无法给予他正确的引导和支持，小明逐渐被边缘化，成了透明的存在。最终，他没有考上高中，17岁便辍学步入社会，从在餐厅做服务员开始，重复着父母的生活轨迹。

由于缺乏知识和技能，他只能在低收入岗位间辗转，经济上的窘迫让他倍感无力。他的情感生活也同样坎坷，曾有过一段短暂的恋情，但终因经济困境和性格问题被对方抛弃。

分手成了压垮他的最后一根稻草，使他愈发消极、自卑，最终陷入抑郁。他时常感到人生没有意义，一度想结束自己的生命。

小明的成长过程，可以说严重缺乏关键的心理营养。幼年时父母的缺席，使他失去安全感与归属感，外婆虽为他提供了基本生活保障，却无法给予真正的爱与接纳。他从未得到肯定、赞美，身边也缺乏榜样的力量，无法学会如何应对挫折。这些心理营养的缺失，让他在心理上感到孤独无助，像一棵缺乏养分的小树苗，始终无法茁壮成长。

和那些得到充足心理营养的孩子相比，小明的心理成长显得脆弱和无力。他内向、不善交流，难以建立有效的心理支持系统。在家庭内部，由于父母的长期缺席，他从未得到足够的家庭支持和帮助，因而遇到问题时缺乏解决的能力。他的生命力被早年的缺失严重遏制，难以展现应有的潜力。

如果童年时期缺乏这些心理营养，是不是就注定会带着创伤过一生？答案是否定的。虽然早年的经历塑造了我们的情感模式和思维方式，但成年后，我们依然有能力为自己补充心理营养，重塑内在世界。只要你愿意，你所拿到的第一个人生剧本，可以被彻底改写。

• • • • • • • • • • • • • • • • • • •

在本书第四章的第二节中，我将提供一系列实操方法，帮助你逐步填补那些童年时期的空白。真正的成长，不是"想明白"这么简单，而是需要通过具体的行动，一步步提升自我价值感和内在力量。撰写本书的目的，就是教你如何通过行动建立对自己的信任感，如何在日常生活中练习独立思考与情感调节，让过去的创伤不再成为阻碍，转而化为你成长的动力。

第三节

原生家庭不良教育模式

丨 隐形的家庭规则，让人难以挣脱对自我的限制 丨

家庭是我们人生最初的课堂，父母是我们最早的老师，他们的行为模式、情感表达、价值观念，无声地渗透进我们的潜意识里，塑造着我们看待世界的方式。心理学研究表明，童年时期的亲子互动，是孩子建立自我认知、情感调节的重要基石。许多人以为自己遇到的情感困扰、职场瓶颈是个人能力的问题，实际上，这背后往往隐藏着童年时期未被处理的情感创伤。与其说是我们选择了某种行为，不如说是我们早被父母的教育模式所塑形。遗憾的是，并不是所有的父母都懂得如何教育好孩子。许多父母自身也传承了上一代的不良教育模式，甚至背负着自己童年未解的遗憾和创伤。父母自己都未必能意识到，自己不经意间的言行，已经在孩子内心产生了负面影响。

一些人可能在严厉型的家庭中长大，父母高压、苛责的管教方式，造成孩子自我价值感低下，成年后总是对自己很苛刻，有较低的自我配得感。还有一些人在宠溺型家庭中成长，父母事事代劳、过分呵护，令孩子长大之后缺乏独立自主的能力，过度依赖别人。由疏忽型父母养大的孩子则最缺爱，他们内心深处经常感到孤独，害怕被抛弃。这些不良教育模式带来的内在创伤，如果不进行疗愈，就会伴随他们的一生。[1]

戴安娜·鲍姆林德在 20 世纪 60 年代提出的"父母教养方式模型"，为教育和发展心理学领域奠定了基础。她的研究表明，父母的教养风格对孩子的性格发展、心理健康和未来行为模式有着重大的影响。[2]她详细分析了严厉型、忽略型、宠溺型等不同家庭教育方式，及其对孩子成长的深远影响。接下来，我们将探讨几种常见的父母教育模式，以及它们对一个人成年后生活的影响。通过深入理解这些模式，我们将学会如何打破这些局限，提升内在力量，走向更健康、更独立的人生。

---

1 赵春梅. 不同家庭教养方式对儿童心理发展的影响［J］. 心理科学进展，2016. 文章探讨了家庭教养方式如何塑造个体的自我价值感和独立性。

2 戴安娜·鲍姆林德（Diana Baumrind）在自己 1967 年的论文（*Child-Care Practices Anteceding Three Patterns of Preschool Behavior*）中，首次提出了著名的教养方式分类理论，分析了不同家庭教育方式对青少年人格发展的影响。

第一种教育模式：严厉型

严厉型教育模式的核心是控制。这类父母对孩子关注较少却很严格，通常是通过语言来打压、批评孩子，对他们的行为和思想进行控制，甚至会通过体罚来让孩子听话。在这些父母的眼中，自己的权威是至高无上、不容侵犯的，孩子必须无条件服从自己。如果孩子质疑父母，会遭到更严厉的惩罚。严厉型父母教育出来的孩子，长大之后往往会有以下几种问题：

（1）**缺乏自尊**　在这种教育模式下长大的孩子，认为自己的想法和感受不重要，父母的命令才是唯一的准则。孩子长大后会严重缺乏自尊，认为自己不重要，看不到自身的价值。

（2）**讨好型人格**　由于在高压环境中生存，孩子不得不讨好父母，这种习惯会延续到成年。他们有的会变得唯唯诺诺，不敢表达自己的真实想法，总是试图通过取悦他人来避免冲突，害怕被拒绝或被批评。

（3）**指责型人格**　孩子继承了严厉型父母的坏脾气和挑剔指责，也会用发火和指责来控制他人。这种行为模式导致他们成年之后变得挑剔和难以相处，影响他们的人际关系。

（4）**缺乏自主能力**　在严格控制下成长的孩子，往往缺乏独立思考和决策的能力。他们的自我能动性比较低，习惯于依赖他人的指示和安排，害怕做出决定后要承担后果。

（5）**严苛的"超我"** 被剥夺自主权的孩子会形成一个过于严苛的"超我"[1]，他们的内心总是充满对自我的苛责和内疚感。

严厉型的教育模式不仅塑造了孩子的一生，还会在家庭系统内代代相传。如果你的爷爷奶奶对你爸爸非常严厉，你的爸爸可能也会受到这种教育模式的影响，将继承而来的严厉不自觉地沿用到你身上。你若不改变，这种模式可能还会继续传递到你的孩子甚至孙辈身上。

第二种教育模式：忽略型

忽略型父母的特征是在情感上对孩子冷淡，缺乏关注。他们既不怎么关注孩子，也不对孩子有什么要求。忽略型父母的关注点可能是自己的事业，或者情感生活，没有时间和孩子互动，也没有时间回应孩子的需求，基本上对孩子是放养的状态。他们平时很少关心孩子的生活，对孩子也没有太多的期

---

1 "超我"（Super-Ego）是弗洛伊德心理结构理论中的一部分，代表内化的社会道德、规范和理想，主要通过良心和自我要求来监督个体的行为，使其符合社会规范和道德标准。

望，更不会花时间引导孩子。比如，当孩子有问题或者需求的时候，他们会说："我没时间理你，找你爸爸（妈妈）去。"或者直接说："我忙着呢，一边待着去！"忽略型父母教育出来的孩子长大后往往会有以下几种问题：

（1）**缺爱**　忽略型父母没有时间给予孩子爱和关注，所以这样长大的孩子内心非常缺爱。这种缺爱会影响他们的自我价值感，让他们觉得自己不重要、不值得被爱。

（2）**自我认同缺失**　在缺乏关注和引导的环境中成长，孩子无法形成清晰的自我认同感，不知道自己是谁，也不知道自己想要什么。

（3）**缺乏爱的能力**　由于没有得到足够的爱和关注，孩子长大后很难学会如何去爱自己和爱他人。他们缺乏爱的经验，导致爱的能力不足，所以也很难与他人建立健康的亲密关系。

（4）**难以建立信任**　在这种环境下长大，让孩子对自己、对他人、对亲密关系都缺乏信任。他们既不相信自己值得被爱，也不相信任何人会真正爱他们，因为在他们的认知里，连父母都没有给予他们足够的爱。这导致他们在关系中始终保持防备，害怕依赖，害怕受伤。

第三种教育模式：宠溺型

宠溺型父母的特征是给孩子高度的关注和控制。不管孩子是否真正需要，他们都要强行给予。常见的例子是"有一种冷叫我妈觉得我冷"。孩子明明不冷，非要孩子多穿；孩子明明不饿，非逼孩子多吃。父母无时无刻不在关注孩子的一举一动，一手包办孩子所有的事情；过度保护孩子，尽力不让孩子经历任何挫折和困难。这样长大的孩子，往往会有以下几种问题：

（1）**缺乏独立能力** 孩子从小被父母包办一切，缺乏独立生活的能力。例如，有些孩子上大学后竟不知如何铺床。我在公司上班的时候，遇到一个刚参加工作的年轻人，父母为他准备好了午餐饭盒，他竟然不知道如何使用公司的微波炉加热。

（2）**低自尊** 孩子成年后会发现，自己在生活技能和自理能力上远不如他人，容易因此产生自卑感。他们会觉得自己能力低下，难以与他人竞争。

（3）**缺乏安全感** 由于从未尝试过独立应对生活中的挑战，这些孩子在进入社会后会感到无所适从。他们发现自己无法适应社会规则，因此内心的不安和自卑进一步加深。

（4）**依赖性强**　宠溺教育模式培养出来的孩子，习惯性地依赖父母或他人，缺乏自主性和决策能力，在生活和工作中难以独当一面。

混合型教育模式对孩子造成的影响

当然，更多时候，一对父母的教育风格并不统一，他们各自成长于不同的家庭，拥有不同的教育理念和价值观。在这种情况下，孩子就是在一个充满矛盾和冲突的环境中成长，接收截然不同的情感信号。这种混合的教育模式，不仅会影响孩子的行为和情感反应，还可能让他们在自我认同、情感表达和人际关系中陷入混乱和挣扎。他们学会了揣摩、权衡，却始终难以找到真正的平衡。以下是一些常见的父母教育风格组合及其对孩子可能产生的影响：

一个严厉型，一个忽略型

孩子在面对严厉型的一方时，可能感到有压力和害怕，而在面对忽略型的一方时，又会感到被忽视和孤独。在这样的家庭环境中，孩子缺乏明确的行为规范和情感支持。在面对权威时，他们可能过度顺从，不敢表达真实的需求；同时为了寻求关注，他们也可能会叛逆，以极端的方式吸引父母的注意。这种二元对立的模式，让他们在成年后的人际关系中，在顺从与反抗之间摇摆，难以建立真正稳定的自我认同。

一个宠溺型，一个严厉型

孩子容易对宠溺型的一方产生依赖性，而对严厉型的一方产生恐惧或抵触情绪。这种组合可能让孩子难以平衡情感需求与规则约束，导致情感依赖或内心的反抗。孩子可能会表现出讨好一方、反抗另一方的行为模式，长期的内心冲突会导致孩子在人际关系中难以建立信任或缺乏情绪稳定性，同时这种分裂感也会造成孩子对爱的理解混乱。

在我接触的个案中，有一位女性始终活在"我不够好"的心灵枷锁中。父亲对她宠爱有加，把她捧在手心，却从不教她如何面对现实的挑战；母亲则对她进行高压式管教，让她在责备与打击中长大。她既不敢面对外界的风雨，又无法从内在获得支持和力量。当人生遇到重大困境时，她找不到可以依靠的心理支点，也无法从自己身上汲取力量，最终选择了逃避。

很多看似"条件不错"的孩子，内心却早已千疮百孔，问题的根源，往往来自童年那场"爱的失衡"。

一个忽略型，一个宠溺型

孩子被宠溺型的一方过度保护，被忽略型的一方疏忽冷落，这种极端的落差，可能导致孩子在得到关注的时候过度依赖，在缺乏情感关怀时又变得不安、焦虑，倍感孤独。他们在亲密关系中形成矛盾型依恋，既渴望亲近，又害怕被忽视或抛弃。

在混合教育风格中成长的孩子，往往在性格、情绪稳定性和人际关系上面临更大挑战。他们容易形成"二元对立"的思维模式，要么表现出极度的顺从和被动，要么表现出极端的叛逆。

虽然原生家庭曾在我们心灵深处留下印记，但我们依然有能力通过自我成长，重塑内在秩序，打破自我限制。摆脱原生家庭带来的负面影响，不是要否定父母，而是在理解和接纳的基础上，停止那些不健康的循环。每一种不良教育模式都是一面镜子，它不仅让我们看见自己的局限，也给予我们改变人生的可能性。关于如何从中觉醒、蜕变，以及具体的实践方法，我们将在第四章的第三节进行深入探讨。

习得性无助的恶性循环

| 反复的失败经历，让努力变得无意义 |

习得性无助这个概念，简单来说，就是一个人在挫折中反复碰壁后，会慢慢变得消极、被动，甚至放弃努力。心理学家马丁·塞利格曼在 20 世纪 60 年代对狗进行电击实验，狗被分为两组：一组狗按下杠杆就能停止电击，另一组却怎么挣扎都无法逃避电击。到最后，第一组狗学会了"自救"，而第二组则彻底放弃了——即便后来门锁打开了，明明可以逃走，它们也不再尝试逃跑，它们所表现出来的便是习得性无助。[1]

我们经常可以在人的身上看到习得性无助，比如一个学生，如果接连几次数学考试成绩都很差，可能干脆就放弃了，觉得自己再怎么学也没用。同样，一个员工被老板反复批评否定，他可能会觉得自己怎么干都不行，干脆"摆烂"了。

---

1 这一概念来自马丁·塞利格曼的同名著作《习得性无助》。该书结合实验与案例，揭示了悲观、屈服、童年挫折、决策恐惧、动机丧失乃至猝死背后的习得性无助。

习得性无助不是一朝一夕形成的，而是在一次次打击中积累的。不断的失败让人的心态慢慢"僵化"，以为自己无论怎么努力，状况都不会改变。这种固化思维让人不知不觉就进入了一个难以挣脱的恶性循环。反复受挫让人对改变失去信心，时间一长，心理就被蒙上一层阴影。

我的一位来访者小梅，出生在一个重男轻女的家庭里：父母对弟弟关怀备至、极为疼爱，哪怕弟弟的表现普普通通，也会被他们捧在手心。而小梅呢？无论多么努力表现，在家里永远最没有地位。

为了博得父母的关注，小梅也曾一次次努力，考试拔尖，比赛拿奖，成绩在班上数一数二，但换来的都不过是一句"女孩读再多的书也没有用"。长此以往，这种轻视让小梅陷入了习得性无助——慢慢地，她不再试图去争取父母的认可，她甚至也觉得自己"天生低人一等"。再后来，她开始不敢在课堂上发言，在学校越来越没有存在感；在公共场合，她也习惯站在角落，害怕引来他人评判的目光。

长大后，小梅依旧活在这种无形的束缚里。在职场中，她总是习惯性退让，不敢争取晋升的机会；在人际关系中，她害怕表达自己的需求，总觉得自己不值得被关注。她的世界仿佛一直被父母的声音笼罩着，让她在每一次想要突破时，都被自我怀疑拉回原点。习得性无助是一种深层次的心理困境，它让个体对未来失去了信心，陷入一种消极的"自我实现的预言"中。这种恶性循环将内在的力量一点点剥夺，使人无法发挥自己的潜力。

本书第四章的第四节将详细讲解如何打破这种循环，帮助大家恢复自信，找到面对未来的勇气与力量。

第五节

强迫性重复的魔咒

| 潜意识中未解的创伤，导致我们不断重蹈覆辙 |

我们会被某些熟悉的情境吸引，无意识地让自己一次次跌入相同的创伤情景之中，试图用"重演"去修复过去的创伤，但讽刺的是，这样的循环往往会带来更深的痛苦和自我否定，这就是强迫性重复。弗洛伊德将"强迫性重复"视为一种无意识的驱动力——个体会反复重演早年的痛苦，即使理智上知道它会带来伤害，还是会不由自主地跳进去。这种模式在亲密关系中表现得尤为明显。[1]我们可能一次次被同类型的人吸引，重复过去的情感伤害，却始终无法走出困境。

比如一个从小被忽视的孩子，长大后往往会不自觉地被同样冷漠、忽视自己的人吸引，渴望通过从他们那里得到认可，

1　西格蒙德·弗洛伊德. 超越快乐原则［M］. 陈俊杰，译. 北京：中国人民大学出版社，2012. 本书详细探讨了人类行为背后隐藏的驱动力，包括"强迫性重复"这一无意识现象，尤其在早年创伤和亲密关系中表现明显。书中提出"强迫性重复"是人类深层无意识驱动力之一，即反复重演早年的痛苦，即使明知会带来伤害，仍然不由自主地跳入相似的情境。

来填补儿时的缺失。但这种试图"重写"过去的方式，常常会带来更多的失望和痛苦，让人一次次跌回原点。

小雅是我的一位来访者，她是一名 30 岁的职业女性，她的恋爱史中充满了痛苦的经历。虽然她希望能找到一个理解她、珍惜她的伴侣，但是她发现自己总是被那些看起来"酷酷的"男人所吸引。这些男人对她漠不关心，甚至忽视她、冷落她，但是小雅依然会努力去讨好他们，渴望得到他们的关注和认可。小雅曾多次尝试改变这种痛苦的关系模式，但每次分手后，她又很快被下一个类似的男人吸引，然后被同样对待。

通过心理咨询，小雅意识到，她的这种行为模式源自于童年的经历。小时候，小雅的父亲对她很严格，对她的关爱也很少。为了得到父亲的关注，她常常压抑自己的需求，努力好好表现，希望能赢得父亲的认可。如果哪天父亲心情好，带她出去玩，她会高兴好几天。所以在小雅的认知里，获得爱是非常艰难的事情。她下意识地选择能带给她类似感觉的伴侣，试图通过修复与这些男人的关系，来弥补小时候未能得到的爱与关注。这就是典型的强迫性重复：试图通过控制和改变现状来修补过去的创伤，去满足童年时期未被满足的情感需求。尽管这种行为带来了极大的痛苦和失望，人们依然热衷将"往事重演"，不断走进相似的情节，仿佛只要再努力一点，就能改写过去的遗憾。

这种模式不仅出现在亲密关系中，还会影响一个人在日常决策中的模式，比如人们可能会反复进入高压、苛刻的工作环境。我的一个前同事，工作 15 年间换了好几份工作，但每一个老板都对她极为苛刻，换作别人，可能早就无法忍受，但是她却从未质疑自己为什么总是遇到这样的老板。一次次无意识地陷入相似的职场困境，正是"强迫性重复"在作祟——潜意识里，她一次次回到那个熟悉的情境中，试图通过"重演"去修复某种缺失，最终却只是在痛苦里反复循环。

看到这里，你可能会不解：为什么我们明知道某种模式会让自己受伤，却还是一次次跳进去？按照弗洛伊德的理论，这种"明知故犯"可以从几个方面来解释 [1]。

未解决的创伤

我们早年经历过的情感上的创伤，往往会悄悄在潜意识里扎根，尤其是在父母或其他重要之人那里没有得到足够的关注和关爱导致的创伤。长大后，我们会不自觉地把这些需求带入

---

[1] 西格蒙德·弗洛伊德. 超越快乐原则［M］. 陈俊杰，译. 北京：中国人民大学出版社，2012. 在这本书中，弗洛伊德描述了"强迫性重复"的现象及其潜意识根源。

亲密关系中，试图通过类似的关系或情境去修补曾经的伤口。这种重复的过程，实际上是为了填补内心早已遗失的那份安全感。

熟悉感的吸引

我们总是容易被熟悉的情感模式所吸引，即使这会带来痛苦。小时候和父母的关系，就是亲密关系的最初模型。那些在成长过程中出现的伤害，会让我们感到某种"熟悉感"，这种熟悉感在潜意识中被认为是安全的、正常的。于是，我们在不知不觉中一遍遍选择那些带着旧伤痕迹的关系和情境，虽然内心也觉察到可能不对劲，却还是会觉得"这样才安心"。

控制感的需求

重复过去的伤痛虽然是痛苦的，但同时也带来了一种掌控感。小时候，父母对我们不好，我们没有反抗的能力。但长大后，我们可能会试图通过回归当时的情境，去纠正或掌控那个曾经无能为力的局面。这是一种对过去遭遇的反抗，幻想通过"重新经历"而"这一次一定会不一样"来治愈自己内心的伤口。这当然是不可能的，因为相同的食材和汤料，熬不出味道迥异的汤。

自我价值感的缺失

如果我们早年经历过忽视、批评而一直感到自己"没有价值"，就很可能会把这些感觉内化成"我不值得被爱"或"我不够好"。这种负面的自我认知，会推动我们走进有毒的关系，因为这些关系更符合我们对自己"低价值"的认同。我们会无意识中寻找那些让自己感到卑微、糟糕的关系，以此来"验证"自己确实不值得被好好对待。

潜意识中的自我惩罚

有时候，我们反复进入伤害性的情境，是因为内心深处有一种隐隐的内疚或自责，甚至觉得自己理应承受这些痛苦。父母对我们的长期负面评价，导致我们在潜意识中认定自己"不够好"，理应被批评、被指责，因此会在情感上也习惯性地自我贬低，选择那些让自己痛苦的关系或模式来自我惩罚。这就是为什么尽管理性上我们想要幸福，在情感上却止步不前。

强迫性重复就好像是命运设下的重复键，让我们一次次陷入相似的情感陷阱之中，在疼痛中循环往复。正如本章主题所指出的那样，深入探索内心的匮乏感，是打破恶性循环、找回内在力量的第一步。如果我们想要跳脱"第一人生剧本"的限制，真正为自己创造"第二人生剧本"，就必须打破强迫性重复的魔咒。具体的方法，我在第四章第五节里做了详细说明，如果有需要，可以先去看这一部分的内容，然后再继续阅读其他章节。

第三章

能量层级的
理解与提升

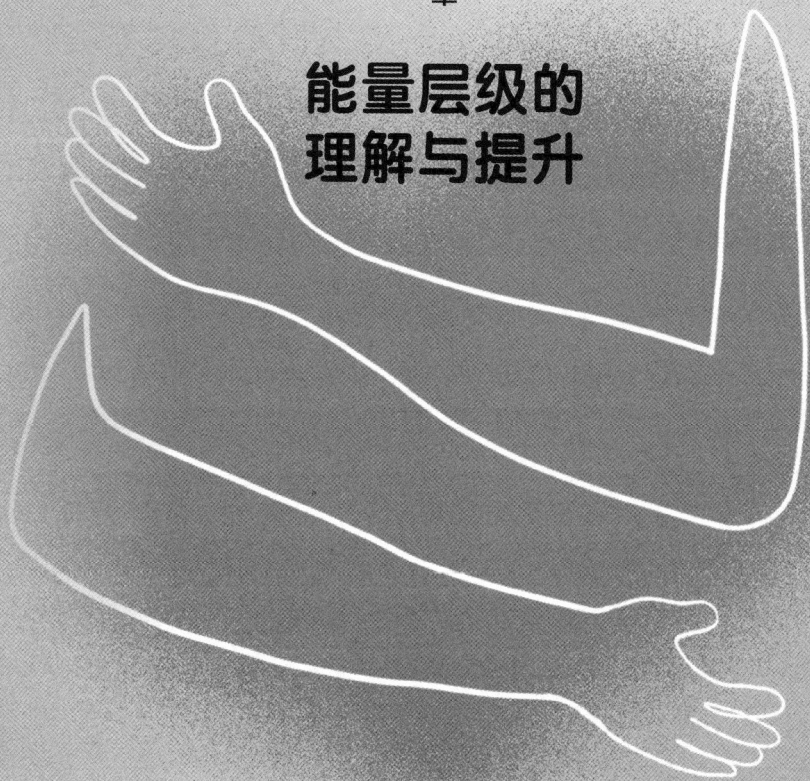

在前面的章节中，我们一起剖析了内心脆弱的根源，触探到那些深埋在自卑、讨好、精神依赖和缺乏自信背后的伤口，也明白了它们何以带来那么多内耗。我们还揭开了原生家庭带给我们的束缚，看到了缺乏心理营养带来的匮乏感，理解了习得性无助和强迫性重复是如何控制着我们的人生，影响着我们的情绪和选择。

值得庆幸的是，虽然我们无法改变过去，但我们可以通过重新养育自己，成为自己内在小孩的父母，逐步修复这些缺失。靠自己打破桎梏，创造属于自己的人生新剧本。当我们学会做自己内在小孩的慈母，以无条件的爱和接纳填补过往的空白时，我们内心的坚韧和自信便会生长。那时，我们便不再向外索取安全感，而是在自我滋养中重塑自信与价值感。那么如何判定一个人内在力量的大小呢？霍金斯能量层级表（见图3-1）是一个非常实用的工具。这张表通过能量值的高低，将

能量值			（能量层级）
700—1000	开悟	人类意识的顶峰，合一、无我	（1级）
600	平和	感官关闭，头脑长久关闭	（2级）
540	喜悦	慈悲，巨大耐性，持久的乐观，奇迹	（3级）
500	爱	聚焦生活的美好，真正的幸福	（4级）
400	明智	科学医学概念系统的创作者	（5级）
350	宽容	对判断对错不感兴趣，自控	（6级）
310	主动	全然敞开，成长迅速，真诚友善，易于成功	（7级）
250	淡定	灵活，有安全感	（8级）
200	勇气	有能力把握机会	（9级）
175	骄傲	自我膨胀，阻碍成长	（10级）
150	愤怒	导致憎恨，侵蚀心灵	（11级）
125	欲望	上瘾，贪婪	（12级）
100	恐惧	压抑，妨害个性成长	（13级）
75	悲伤	失落，依赖，悲痛	（14级）
50	冷淡	世界看起来没希望	（15级）
30	内疚	懊悔，自责，受虐狂	（16级）
20	羞愧	几近死亡，严重摧毁身心健康	（17级）

正能量层级 / 负能量层级

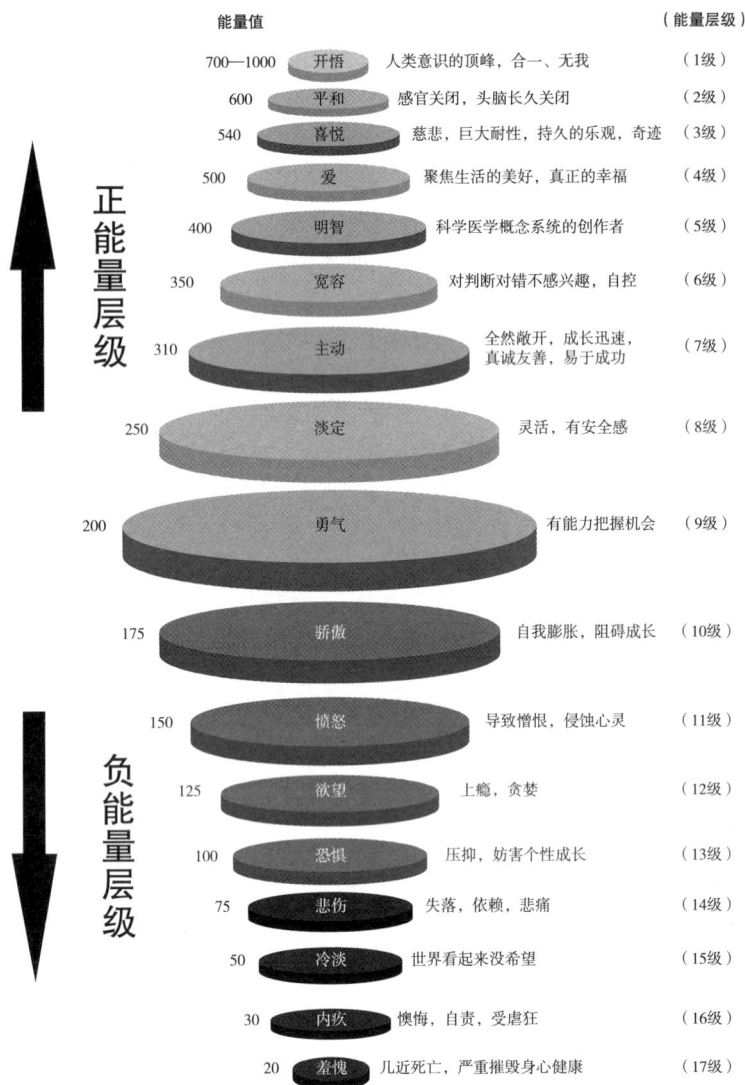

图 3-1　霍金斯能量层级表

人类的情绪状态和意识水平划分为个 17 个层级，从最低层级的羞愧、内疚等消极状态，到中间层级的勇气、淡定等平稳状态，再到最高层级的爱、喜悦等积极状态，每个层级对应一个特定的能量值（范围），从 1 到 1000 不等，能量值越高，能量水平就越高，内在力量也就越强。[1]霍金斯认为，当一个人的能量值达到 200 以上，便可以从消极状态转为积极状态，开始体验更高质量的生活。

在本章中，我们将使用霍金斯能量层级表作为理解情绪与意识状态的工具，来为内在力量的流动导航。首先声明，这一理论虽然不属于主流的心理学研究范畴，但在自我提升和心灵成长领域，它已经为无数人提供了有价值的视角和启发。它让我们得以看见情绪背后的意识状态，并在其中找到上升的路径。对于那些渴望突破内在局限、提升内在力量的人而言，它不只是理论，更具有强大的实践价值。

1　大卫·R.霍金斯. 意念力：激发你的潜在力量［M］. 李楠，译. 北京：光明日报出版社，2014.

霍金斯能量层级解析

| 理解情绪和意识层级，是迈向高能量状态的第一步 |

传统心理学领域也有关于"高能量状态"和"低能量状态"的研究，虽然这些研究没有直接使用"能量层级"这个词，但它们讨论的其实就是我们情绪的不同强度和心理状态。例如，心理学中提到的"高能量状态"通常指的是积极的情绪状态，比如愉悦、活力、乐观和满足感，而"低能量状态"则和焦虑、抑郁、疲惫等负面情绪相关，这和霍金斯能量层级表相符。

霍金斯能量层级表在情绪状态的基础上进一步细化，并赋予每一种意识层级以具体的"能量值"，并按从低到高排列，为我们提供了一条由低频情绪走向高频意识的进阶之路。它不仅让人更直观地理解了自己所处的心理状态，也指引我们通过内在修炼，实现从恐惧到爱、从抗拒到接纳的跃进。

我之所以选择在本书中引入霍金斯的能量层级概念，是因为相比传统心理学的抽象理论，它更具象、更实用，能帮助我们辨认自己当下所处的位置，指引我们一步步靠近内在的清明与自由。当然，这不是绝对标准，只是一种参照。你可以结合自己的生命体验，去感受、验证，并找到适合自己的成长节奏。

17级：羞愧（能量值20）

霍金斯能量层级表中，最低的能量层级是羞愧，能量值仅为20。长时间处在这个层级的人，往往对自己的存在感到深深的羞愧，总觉得自己"应该消失"，觉得生活毫无意义，甚至产生放弃生命的想法。这种极度的羞愧感常转化为自毁倾向。在这种能量层级下，退缩是最常见的反应，他们无法融入这个世界，对自己、对他人甚至对社会都持有强烈的负面态度。羞愧不仅会带来情绪上的折磨，还可能让人退缩到生活的边缘，或演变为危险的行为模式，给自己和周围的人带来潜在的风险。

16级：内疚（能量值30）

在这一层级的人，长期处于自责与自我否定中，时常怀疑自己的价值，总觉得自己"本身就不够好"。内疚常让人陷入一种自我折磨的循环，无法从过去的过错中解脱，总是觉得自己需要"赎罪"或"弥补",因此很难体验到真正的放松与满足。这种情绪让人很容易感到疲惫,做事小心翼翼,生怕犯错,并失去前进的动力和信心。在这种低能量的状态下,他们的人际关系和生活质量将受到极大影响,自我价值感也将因此被不断削弱。

15级:冷淡(能量值50)

长时间处在这一层级的人,对生活几乎失去了所有热情,内心充满了无助与绝望。冷淡的人对世界漠不关心,无论是工作、学习还是人际关系,似乎都无法引起他们的兴趣。生活对他们而言只是一种机械式的存在,他们无法唤起任何积极的情绪,认为一切努力都是徒劳。因此,他们的生活缺乏目标,也鲜有动力去改变现状。冷淡让他们与周围的世界逐渐隔离,像被困在一层厚厚的屏障之中,既无法感知他人的热情,也无法感受生活的美好。他们对未来没有希望,对当下也毫无期待,整个人深陷在一种持续的消极状态里,犹如行尸走肉般度日。这种低能量的状态常伴有抑郁的倾向。

14级:悲伤(能量值75)

悲伤的人虽时常陷入懊恼和失落,至少还能感知情绪的波动，依然有能力通过哭泣来释放压抑的情感。相比于冷淡层级的彻底麻木，悲伤的人还能找到一些宣泄的出口，哪怕这种情绪是痛苦的，它依然提供了一种情感的流动，使内心不至于完全干涸。悲伤虽令人难受，但正是这些泪水和情绪波动帮助人们获得了一丝释放与缓解，使他们与生活的联系没有彻底断开。这种层级的能量虽然低，但比冷淡层级更接近自我疗愈的可能。而时常处于"羞愧""内疚"和"冷淡"能量层级的人，需要立即自救或者通过寻求帮助来提升能量，因为这些状态令人像几乎耗尽的电池一般，难以支撑自己继续前行。

13级：恐惧（能量值100）

恐惧的能量层级比悲伤略高一些，因为恐惧会激发出一定的行动力。当感到恐惧时，人们会努力逃离或去处理令他们恐惧的情境，这种动力尽管能量较低，但能促使人们采取行动。正因为害怕，人们才会努力避免一些事情，例如，害怕失业的人会努力保住职位，害怕孤独的人会急于建立人际关系，等等。这种由恐惧驱动的行为虽能带来暂时的安慰，但因其能量较低，所以也往往带有低能量心理状态的特征。虽然恐惧状态下的行动力比悲伤、冷淡、内疚和羞愧状态下的强一些，但大多是防御性的，而非出于创造和提升考虑，因而会阻碍人格成长。

12级：欲望（能量值125）

欲望这一能量层级具有一定的扩张性，能带来积极的行动力，但这种行动力多源于私欲的驱使。处在欲望层级的人，往往通过追求物质、地位等外在目标来满足自己，尽管他们因此创造了价值或财富，但行为背后仍是原始的利益需求。这个能量层级充满竞争、操控、互相利用和尔虞我诈的现象。

处于欲望层级的人，将满足私欲作为其行为的主要动机，与动物的本能无异。因此，长时间处于这一层级的人也容易走向成瘾和贪婪。成瘾往往源于多巴胺带来的短暂快乐感，让人不断追求重复行为；贪婪也是如此，比如极度依恋某人时表现出的占有欲。虽然欲望能激发行动力，但它带来的只是短暂的满足，本质上源于匮乏，所以缺乏持久的成长动力，使人生活在冲突与不安之中，无法达到真正的内心平和。

11级：愤怒（能量值150）

当欲望受挫时，愤怒便随之而来。比如，期待得到他人的认可却被忽视，渴望得到重视却被冷落，这样的挫败感往往会激起愤怒的情绪。因爱生恨或因期望落空而生怨，就是这种愤怒的典型表现。愤怒将人困在低能量的情绪里，反复损耗身心。从另一个角度来说，愤怒有其积极的意义。许多社会变革、个人成长，都是由愤怒作为动力的来源。然而，这种动力通常夹杂怨恨与嫉妒，带有强烈的攻击性。如果一个人长时间被愤怒裹挟，身心会遭受巨大的损耗，变得偏执暴虐。这种状态不仅让人失去对生活的宽容，也让内心力量被愤怒侵蚀得支离破碎。这一层级的能量虽比羞愧、内疚等更高，能提供强大的动力，但更多的是充满破坏性的负能量。

10级：骄傲（能量值175）

骄傲能帮助我们摆脱羞耻、自责和内疚，意识到自身的价值，从而让人更自信。然而，它也会带来负面影响。比如令人自大、膨胀，甚至停滞不前，陷入对他人的否定中。处在骄傲层级的人，往往表现出苛刻、挑剔和批判性，对周围的人指责和抱怨不断。在这一层级，人们高度依赖于外部条件，形成一种不稳定的自尊或自爱，一旦这些支撑的条件失去，骄傲便会瞬间崩塌，人也会跌回到低能量层级，比如愤怒、羞愧。

处于骄傲层级往往意味着个人已经拥有一些成就、地位或资源，感到自己"与众不同"。但这种优越感也带来一种"疏离感"和"比较心"——对他人评头论足，带着偏见看待别人。时常处在骄傲层级的人，如果没有进一步达到爱或宽容的层级，就会被困住，滋生出各种烦恼。骄傲是负面层级中最高的一层，但依然属于负能量，因为它并不稳定，能让人随时跌落回更低的能量层级。

9级：勇气（能量值200）

来到这里，我们终于进入了正能量的层级。在勇气这个层级，能量开始展现出积极的一面。处在这一层级的人，不仅带着积极阳光的心态，还能创造和把握生活中的各种机遇。相比之下，能量值低于200的层级则是"索取场"，人们从社会和他人身上不断汲取能量，却甚少回馈。

在勇气层级，人们开始展现出真正的正向力量，能够积极与他人建立和谐、有建设性的关系。当处于能量值在200以上的层级时，人们会不断尝试并创造成功，积极的反馈又激励着他们继续努力，从而汲取并回馈积极的能量。

8级：淡定（能量值250）

淡定，或称为满意，在这一能量层级的人自信且有足够的安全感，他们对自己感到满意，自我感觉良好。他们对于冲突和恶性竞争不感兴趣，思想有弹性，处事灵活且容易相处。处于低能量的人思想通常较为僵化，看待事物非黑即白，有着强烈且鲜明的观点，排斥与自己意见不同的人。达到淡定层级的人，内心已经没有太多的偏见，因此情绪能够保持平和。他们明白这个世界的物种多样性和复杂性，因而更加包容。包容并不代表同意或接纳，而是为了让自己保持舒适，不让某些人和事破坏自己的能量场。这一层级的人思想灵活，善于找到与不同观点和平共处的方法。

霍金斯在他的研究中指出，能量值达到 250 的人，已经具备了稳定的内在力量，可以应对生活中的各种挑战。他们的生活质量显著提升，这是因为他们不再被小事困扰，能以更开放和包容的态度面对世界。

7 级：主动（能量值 310）

处于这个层级的人们，内在状态发生了根本的转变——他们不再封闭或被动，而是全然向外敞开。主动层级的人克服了内心的阻力，超越了骄傲和固执，具备了清晰的自我认知，能真诚地看待自己的不足。他们乐于与人交流，既不轻易评判他人，也不回避自我反思，将每一次互动都视为学习的机会。这种态度让他们能够谦虚地从他人身上汲取经验，不断完善自我，形成积极的反馈循环，成长的步伐比之前更快、更稳。

长时间处于主动层级的人具备开放的心态，愿意迎接新事物和新机遇。他们不惧怕改变，相反，他们主动拥抱变化，甚至渴望变化，因为他们知道每一次新的经历都是磨砺的机会。他们能够在生活的起伏中找到自我驱动力，有将挫折转化为动力、在困难中发现突破口的能力。处在这个层级上的人不仅发展自己，更成为身边人积极能量的源泉，推动着自己和他人共同向更高的层次迈进。

6级：宽容（能量值350）

达到这个层级的人，情绪稳定，自控力强，对自己负责。他们不再热衷于证明自己是对的，而是能够认清事物的本来面目，不会受情绪困扰。他们能够包容不同的观点和生活方式，不会排斥和误解他人，也不会歧视任何人。长时间处于这个层级的人，认识到幸福来自自己的内心，爱是自我创造的，而不是别人给予的。因此，这种幸福和爱不会被他人夺走。

在能量值200以下的负面能量层级中，人们认为幸福与否是由别人和环境决定的。因此，当遇到问题时，他们会陷入无法自拔的负能量状态。他们永远在斗争、抗争，为自己争取利益，但实际上只是在低能量层级的循环中徘徊。处于宽容层级的人明白，幸福和爱是内在的，是自己心智的产物。这种认知让他们能够在面对困难时保持内心的平和，不被外界的环境和他人的行为所左右。他们的生活因此更加和谐，能量也更加积极，能为自己和他人带来更多的正能量和幸福感。

5级：明智（能量值400）

这一层级的人已超越情绪化的低能量状态，进入了理性和智慧的阶段。明智层级的人信奉科学与知识，具备强大的分析能力和逻辑思维，总能在复杂问题中找到清晰的答案，并推动创新，为社会提供独到的见解和解决方案。古今中外的许多科学家、医生，都是这一层级的代表。牛顿和爱因斯坦等伟大的科学家们，通过对自然规律的深刻理解，改变了人类的世界观，为后世科技的发展奠定了基础。同样，许多医学研究者在治疗疾病、延长人类寿命上也做出了杰出贡献，显著提高了人类的生活质量。

在明智层级的人对科学和知识有深刻的理解，拥有高度的求知欲和探索精神，渴望通过知识揭示世界的本质。他们的探索为人类社会注入了智慧和动力，使世界变得更加丰富和有意义，极大地推动了人类文明的进步。

4级：爱（能量值500）

爱可以融化所有的误解和障碍。这里的爱是一种稳定、恒久的内在状态，不依赖任何外部条件，代表着对人或事物真挚深沉的感情。

这种爱不求回报，是纯粹的情感；也没有比较心，能让人心胸宽广，超越个人局限去真正地关心他人，并因此产生能量。无论环境如何变化，这种爱都不会动摇。达到这个层级的人通常是那些无私奉献的人，比如长期服务于弱势群体的人，他们帮助别人不是为了得到回报，而是出于内心深处的慈悲。这种爱是社会和谐的基石，给人类文明带来无尽的正能量。

3级：喜悦（能量值540）

能达到喜悦层级的人，内心充满了持久的幸福感和满足感。这种喜悦不是短暂的情绪波动，而是一种稳定的内在状态，不受外界环境的影响。处在这一层级的人们，对生活充满了热爱和感激，能够从日常的点滴中感受到深深的满足。他们每一天都活力满满、充满热情，常常把生活的美好传递给身边的人。他们真正理解和体谅他人，能够以无条件的爱与关怀对待身边的人。

当人们处于喜悦层级时，就能在困境中保持积极乐观的态度，轻松找到解决问题的方法。无论在工作、家庭还是社交中，他们都散发出强大的正能量，吸引更多的美好与成功。他们不仅能够在独处时感到充实，也能在与他人的互动中找到巨大的满足感。

2级：平和（能量值600）

能长期处于这个层级的人，内心充满了宁静与和谐。他们的情感和思想处于较为完美的平衡状态，凌驾于所有的恐惧、愤怒和悲伤之上，达到了真正的内心平和。他们能够以超然的态度面对生活的一切，无论是成功还是挫折，都无法动摇他们内心的平静。这种状态不仅给他们带来了极大的内在安宁，也让他们的存在本身就像一股宁静的力量，能够影响周围的环境和人群。处于平和层级的人具有极高的智慧和洞察力，能够看透事物的本质，不为其表象所迷惑。他们的决策和行动带有深远的影响力，因为他们能够从全局出发，以最少的资源和努力

获得最佳的效果，这种高效和智慧使他们在各个领域都能成为
领导者和榜样。

1级：开悟（能量值700—1000）

开悟是能量层级的顶峰，达到这一层级的人，已经完全超
越了普通的情感和理智状态，进入了一种极高的意识层次。他
们的存在本身就代表着纯粹的光明和智慧。处在开悟层级的
人，内心充满了无尽的爱、喜悦与平和。他们心怀宇宙万物，
超越了个人的局限和以自我为中心的意识。他们不仅在精神上
达到了极高的境界，还具有极强的感召力和影响力，其思想和
行为对周围的人和环境能产生深远的积极影响。处于开悟层级
的人已经完全摆脱了恐惧、愤怒、悲伤和欲望，不受任何负面
情绪或思想的干扰。这种状态不仅给他们带来了持久的内在平
静，也使他们能够以极高的智慧和悲悯之心对待一切生命。

之所以花费大量篇幅深入解析霍金斯能量表，是为了帮助
大家理解和提升自身的能量层级，从而改善心理健康、提高生
活质量。通过认识不同情绪和意识状态的能量值，我们可以更
清晰地看到自己的情感模式，识别低能量状态，如恐惧、内疚
和愤怒，并找到有效的方法战胜它们。当我们的能量层级步入

爱、喜悦、平和甚至开悟时，内在的觉知便会被点亮，从而不再被外界的动荡牵引，而是从心灵深处汲取力量。这不仅赋予我们更深的自我觉察与情绪调节力，也让我们在每一个选择中趋向光明，最终构筑出更加和谐美好的人生。

能量转变的规律和特性

┃ 能量转变不是一蹴而就，而是遵循一定的规律 ┃

我们人生中任何方面的变动，大到工作、家庭、社交，小至情绪、内心的细微感受等，都会影响我们的情绪和能量层级。比如，一个令人愉快的好消息，或一个真挚的问候，能够瞬间提升我们的能量。而突如其来的打击，则会让我们一下子跌落到低能量的状态中。每个人的能量状态都是动态的，会随着外界环境、内心情绪和生活事件的变化而波动不断。在短短的一个月、一周，甚至一天之内，能量层级都能从高到低、从低到高地起伏不定。这种能量的波动，取决于我们内在的心理状态、认知水平，以及与外界互动的方式。

能量层级变化趋势

从低到高的变化

（1）**突然的启发或觉醒**　一个人可能顿悟到深刻的道理，

并付诸行动来提升自己的能量层级。例如，在焦虑、痛苦的时候冥想，能从恐惧或焦虑转换到平静祥和的状态。

（2）**积极的情感经历**　与亲人、朋友温暖互动，或是实现了某个重要目标，这些积极的情感体验可以大大提升一个人的能量层级。例如，考试失利后，在亲人的鼓励和安慰下迅速振作起来。

（3）**环境的改善**　从消极的环境转移到支持性的环境，有助于能量的恢复和提升。例如，离开高压的职场环境，回到温暖舒适的家庭中，焦虑情绪得以自然缓解。

（4）**意外的正面刺激**　加薪、升职、中奖这样的意外惊喜，能瞬间带来喜悦和满足。这种意外的正向刺激，能快速提升一个人的能量，瞬间改变人的情绪和心态。

（5）**帮助他人**　主动去帮助他人，看到别人因自己的付出变得更好，也会反哺自身的幸福感。比如做志愿者，或者帮助一个朋友渡过难关，往往能让人从低能量状态进入高能量状态。

从高到低的变化

（1）**突发的负面事件**　重大打击，例如失去亲人、失业或感情破裂，能让一个人从高能量层级迅速跌落到低能量层级。

（2）**压力和焦虑**　长期的压力和焦虑会侵蚀一个人的能量。如果一个人长时间处于巨大的工作压力之下，可能会引发精神或身体问题，导致能量层级下降。

（3）**负面环境的影响**　长期处于消极环境，或跟充满负面情绪的人相处，会影响能量层级。比如一个本来健康积极的人，在充满恶性竞争的环境中，可能会从爱或喜悦的层级下降到愤怒、羞愧的层级。

（4）**自我怀疑与否定**　失败后如果自我怀疑，会迅速削弱原本的高能量状态。例如在工作中出错，遭领导责骂，可能会引发内在的不安全感和低配得感，导致能量层级下降。

（5）**负面习惯和情绪积累**　长期不健康的生活习惯，例如熬夜、饮食不规律、缺乏运动，或者持续压抑负面情绪（愤怒、嫉妒），会逐渐使一个人从较高的能量层级下滑到低能量层级。

（6）**遭遇背叛或信任危机**　信任的崩塌，比如被亲近的人背叛、欺骗，可能让人迅速从高能量层级跌落，从平和或爱迅速下滑至愤怒或悲伤的能量层级。

　　能量的起伏自有其内在规律，理解这些规律能帮助我们有意识地调整能量流动，锻造更强的心理韧性。接下来，我们将深入探讨能量转变的特性，帮助大家理解能量波动的机制，并尝试探索在现实生活中，如何运用这些规律和特性，为自己赋能，活出更高维度的自我。

能量转变的特性

可控与不可控性

能量的高低变化，受个人的心理状态、情绪波动、外部环境影响，有可控和不可控的因素。而维持能量的关键在于调整可控部分，减少不可控因素的冲击。

我们可以通过调整思想、行为和改变一些生活选择来在一定程度上提升或维持高能量状态。比如建立积极的思维方式，有意识地培养感恩、宽容、乐观的态度能提升能量层级。保持良好的生活习惯，如运动、健康饮食、充足的睡眠，可以帮助维持高能量状态。社交圈的选择也是可控的部分，与积极、友好的人相处会提升能量，而跟负能量的人交往，会拉低你的能量状态。

不可控的部分主要指的是外部环境的变化，比如工作环境的变动、社会压力、家庭冲突等。当遭遇突然的家庭变故、经济危机，或重大公共事件时，就很容易导致能量迅速从高层级下滑。

动态性和波动性

能量层级是动态变化的，并非处于一个静止的状态。在同一年、同一个月，甚至同一天之内，我们会受情绪、环境、思维方式的影响，而经历不同的高低能量状态。即便没有外部干扰，能量层级也会自然波动。比如，人在早晨通常感到精力充沛、动力十足，而到了下午的时候，因为疲惫，能量便会下降。情绪的起伏、精神状态的变化，正是能量波动的直观体现。

取决于个人的韧性和恢复力

不同的人对能量层级变化的适应力不同，韧性更强的人，即使遭遇挫折，也能重新调整，迅速恢复到更高的能量状态。这种恢复力通常与健康的人格、健全的心智、健康的生活方式，以及强大的人际支持系统有关。

然而，高韧性并不等于高耐受力。有研究表明，韧性和耐受力是两个不同的心理特质，尽管高韧性个体能够迅速从困难中恢复状态，但在面对持续挑战时，缺乏足够的耐受力。比如一个人在面对一个长期的任务时，容易失去耐心，变得心焦气躁，无法保持专注力，甚至很容易产生心理疲劳。

在人与人之间互相影响和共振

能量在人与人之间流动，类似于"能量共振"——当你跻身于高能量人群时，你的能量水平会被带动和提升；相反，负面环境和能量场域会拉低你的能量。比如在一场充满正能量的活动上，尽管你一开始感觉情绪低迷，也可能被氛围带动，从而振奋起来。而在充斥抱怨和消极情绪的工作会议上，即使你本来信心满满，动力十足，也可能会变得状态低迷，甚至丧失信心。

能量可以积累，也存在耗损

能量的提升和流失是一个渐进的过程。持续的自我提升、积极行动，会一点一滴积累能量。而长期的负面思维与消极行为，会一步步耗尽内在的能量。一个人的能量状态，在很大程度上取决于他的生活方式、思维模式，以及所处的环境。比如坚持运动、冥想、阅读等生活习惯，能稳步提升能量，维持内在的清明与稳定。而沉迷社交媒体、过度抱怨、积蓄压力等行为，则会慢慢消耗你的生命电池，让你跌落至低能量状态中。

心灵与身体相互作用的结果

能量层级也深受身体状况的影响。长期透支体力、忽视健康，不仅会耗损生理机能，还会削弱心理韧性，使人更容易陷入焦虑、疲惫与低能量状态中。而规律的作息、适度的运动、营养的饮食，则能为身心注入温和而持久的力量。比如，一个人连续一周加班到凌晨，身体疲惫时，情绪也随之低落，容易陷入悲观与烦躁；可是当他好好休息，恢复精力之后，世界仿佛又重新明亮起来。这就是身心相互作用最真实的写照。

第三节

如何从低能量向高能量转变

| 通过觉察、实践和重塑信念，逐步提升能量层级 |

我们已经知道能量是流动的，它随着情绪、思想和日常互动而起伏。所以有时，我们会觉得世界充满希望，整个人轻盈通透；有时，却又不知不觉被低落与焦虑笼罩，如同深陷迷雾。那么，如何才能一步步走出低能量的沼泽，迈向更清明、更有力量的高能量状态呢？在霍金斯的能量层级表中，向上成长的每一步都有共同的关键特质。理解并运用这些特质，可以帮助我们找到提升能量的方向。

心量的扩展，放大生命的格局

低能量层级（如羞愧、内疚、恐惧）带有狭隘的视角，让人困在自我的小天地里。而高能量层级（如爱、喜悦、平和）则意味着心量的扩展，让人不再局限于个人得失，而是关注更广阔的世界。心量越大，能量越高；当我们从"我"走向

"我们"，能量便自然流动，内在更加豁达、有力。

放下对控制的执念，学会顺势而为

愤怒、恐惧和欲望往往来自于对掌控的执念——试图抓住外界的一切，以获取安全感。但真正的高能量状态是对生活的信任。放下控制，并非意味着放弃，而是明白万事难以尽控。真正的智慧，是在不确定中找到内在的安定，是在混沌里还内心以秩序——不被外界牵引，不被情绪左右，从容地走好自己的每一步。

超越执着与计较，轻装前行

低能量状态让人执着于对错、得失，总觉得非要赢、非要证明什么不可。而当我们学会不再执着于外在的认可，不再执着于结果，享受过程本身，便会感到一种轻盈和从容。超越执着与计较，可以让自己进入更高的智慧层次，让内心变得温柔而强大。

从以自我为中心到关爱他人

低能量的人常常关注"我得到了什么"，而高能量的人会思考"我能给予他人什么"。当我们超越小我的局限，把目光投向更大的福祉和整体利益，关心他人的幸福，愿意无私地奉献时，能量自然得以升华。真正的满足感，不是源自"得到"，而是源自"给予"。

由恐惧转向信任与爱

低能量状态的核心情绪是恐惧，让人焦虑、担忧、害怕失去，始终处于防御模式。而在高能量状态中，恐惧被信任取代——相信自己，相信他人，相信世界。当我们学会以信任代替焦虑，以爱取代防御时，世界便会变得更加温柔，而我们的内在也会更加安然、丰盈。

从评判转向接纳

低能量状态让人习惯评判，评判自己不够完美、评判他人不够好、评判世事不如愿。在这样的思维模式中，世界被切割成好与坏、对与错，而我们也被困在情绪的牢笼里。高能量状态使人们开始理解每个人的独特性，接纳世间万物的多样性，带着宽容与理解去生活。这份接纳，能使内心变得更宽广、更轻盈，不再因外界的评价而情绪起伏，不再苛责自己，而是带着温柔的觉知，活出真实的自我。放下评判，我们的心也会因此变得柔和平静。

第四节

案例分享

| 真实案例剖析，展示能量提升的成功经验 |

真实的故事是理解理论的最佳方式。透过生活的具体场景，我们能更直观地看见一个人在低能量状态下的表现，理解背后的根源，并一步步找到通往更高能量层级的路。在本节中，我们将一同深入解析几个具体的案例，希望这些真实的故事，能让你找到与自己心灵对话的桥梁，让前进的路更清晰、更顺畅。

案例一：

从焦虑到自信——小张的成长

小张是职场公认的好员工，他对工作认真负责，常被领导委以重任。一次，公司委派他担任一个重要项目的负责人，但在审核合同时，他因为疏忽漏掉了一个重要条款，导致公司遭受损失。客户差点流失，他自己也险些失去了工作。

这次失误之后，小张陷入深深的内疚和自责，反复内耗："要是当时多检查几遍，事情就不会变成这样。"他对自己越来越没有信心。面对新的工作任务时，他开始怀疑自己的能力，时常紧张得手心冒汗。恐惧逐渐渗透到他的工作和生活，影响了他与同事的关系，也让他对未来充满不安。

他意识到必须改变，于是接受了心理咨询。几次深入对话后，他慢慢放下了对自己的苛责，不再只盯着自己的错误，而是看到了整个流程中需要改进的地方。于是他主动参与优化公司的审核制度，帮助团队规避类似风险。不久后，他便重拾信心，承担起新的项目。他终于明白，每一次跌倒都是让自己变得更强大的机会。他学会了客观面对自己的不足，他的能量层级也从内疚和恐惧逐渐回到了主动与平和。

· · · · · · · · · · · · · · · · · ·

💡 **案例二：**

从控制到信任——小玲的蜕变

小玲和丈夫结婚多年，感情曾深厚稳固。随着丈夫事业的上升，她的安全感逐步减弱，开始对丈夫的行踪和生活细节特别敏感。无论丈夫是出差还是加班，她都会频繁发信息、视频通话、查探定位，要求他交代跟谁在一起、做什么。如果丈夫在电话中语气稍显冷淡，她便如临大敌，仿佛丈夫真的做了什么出格的事。她还对丈夫提出各种要求，例如减少应酬、某个时间点前必须回家。这种控制并未给她带来安全感，反而让夫妻关系陷入恶性循环。丈夫感到窒息，对小玲越来越冷淡，而小玲的焦虑则愈演愈烈。

直到这段婚姻濒临破裂，她才终于意识到自己必须改变，重建内在安全感。她决定放下对丈夫的控制，将注意力转到自己身上——她不再查看丈夫的手机，尝试信任丈夫。与此同时，她通过培养兴趣爱好来充实自己，让自己的生活变得丰富起来。她发现，当自己停止控制丈夫，丈夫反而开始靠近，出门办事会主动分享行程。渐渐地，夫妻间的交流变得轻松、自然了许多，不再彼此充满抗拒。小玲通过这段经历明白——真正的安全感，并非来自控制他人，而是源于内心的笃定。焦虑、自我怀疑、控制欲、缺乏安全感——这些都是我们在人生中经历的低能量状态，而真正的成长，正是学会将它们转化为高能量状态。

　　小张和小玲的经历，看似发生在截然不同的情境中，一个是在职场受挫，一个是在婚姻中摔跟头，但他们的低能量状态，都源于对自我价值的怀疑和对外界反馈的执着。小张因项目失误而陷入愧疚，他的自责让他不断沉溺于"如果当时能多检查几遍"的假设中，焦虑、羞愧、害怕再次犯错，使他越来越不相信自己的能力。而小玲面对丈夫事业的上升，害怕自己会被抛弃，便试图用监视和控制来维系婚姻。两人都深陷低能量的旋涡，执着于外界的反馈，忘了真正的力量源自于内在。

　　当小张开始意识到，每个人都会犯错，失败并不会抹去他的价值，他才得以从自我批判中解脱，不再被焦虑吞噬。而小玲，当她明白自己过度控制的本质，其实是内心的不安与恐惧，她才开始尝试放下，专注于自我的成长。他们一步步从对外界的执念中抽离，让注意力回归到自身，学会相信自己，给予自己力量。

　　爱与信任，是他们能量提升的关键。当小张不再以外界的认可定义自己，而是看到自己的成长，他便重拾了对工作的热情，内在的稳定也让他更加自信从容。小玲也一样，她不再把控制丈夫的行踪当作安全感的来源，而是学会在自己的生活里找到满足，关注自身的兴趣和成长。随着她的心量扩大，关系也开始回暖，丈夫不再抗拒交流，而是愿意主动分享生活点滴，两人之间的沟通变得自然、轻松。

转变不是靠"改变别人"完成的，而是通过放下控制、停止对外界的依赖、增强内在力量来实现的。从焦虑到自信，从恐惧到信任，我们走过的每一步，都是在建立更稳固的自我。当我们不再向外索取，而是学会与自己的不安共处、用信任和爱滋养内心，能量层级自然会提升，视野也会变得更加开阔。

第五节

走出固定能量的泥沼

| 摆脱停滞状态，找到属于自己的突破点 |

当我们长期处于某个低能量层级，就好像被困在一个陷阱里，难以脱身。即使在大多数时候，我们能勇敢、积极、淡定地面对生活，但总有一些特定的情境或触发点，如同隐藏的机关，一旦触发，便会让我们突然跌落到低能量层级。那些原以为已练就的从容，在一瞬间被击溃。本节将探讨如何识别自己被困的某个能量层级，以及如何通过觉察和调整，来打破低能量的循环，让情绪回归稳定，提升自己的能量状态。

💡 **案例三：**

学员"小王"如何摆脱"骄傲"能量层级

我的学员小王是一位自媒体博主，大多数时候她积极乐观，能够以积极的态度面对生活，并且保持情绪稳定。但是，她内心深处藏着一丝清高，尤其是在面对那些她认为"懒惰"

或"愚蠢"的人时，这种优越感愈发明显。

她对天道酬勤深信不疑，认为自己的成就完全来自勤奋，而那些碌碌无为的人"活该"过得不好。遇到不够上进的人，她常不自觉流露出批判和不满的情绪。此外，小王虽然表面上自信，内心却极为敏感，自尊心很强。有一次，小王主动联系了一位粉丝量比较少的同类型博主，想交流经验，却遭到对方无视，她难抑心中愤愤不平之气，觉得自己"比对方粉丝多，凭什么被轻视"，这让她迅速陷入低能量状态。

她还提到，看到别人做事能事半功倍时，会让她感到愤怒。她认为自己是善良的，并不希望看到别人受苦，但如果他人的成功不是建立在与之匹配的努力之上，就让她难以接受。这种内心的高傲让她容易陷入比较、嫉妒和自以为是的情绪旋涡。她对自己的状态很是不解，希望自己能够成为一个真正内心强大的人。

· · · · · · · · · · · · · · · · ·

小王的状态其实很微妙，她内在不够稳定，在不同能量层级之间游移。心高气傲的她，总是会在某些特定场景被拉回低能量状态。表面的强大，其实是虚弱的强大，它不过是在用

"外在的武装"来掩盖内在的脆弱，是建立在不安全感之上的假象。当一个人真正拥有内在力量时，他的内在稳定不会依赖环境的顺遂，也不会因别人的言行而起伏。

在霍金斯能量层级中，"骄傲"层级并不算太低，它带来了成就感和动力，但如果被这个层级困住，成长就会受限。骄傲与爱、平和这些更高的能量层级相比，还是在依赖外界的认可，尤其是他人的评价和反馈。要突破这个层级，向更高的能量状态迈进，可以从以下几个方面入手。

培养同理心，克服评判的习惯

小王自认是个善良的人，但面对她无法理解的人和事时，会不自觉地产生批判心理。这时候，同理心就是打破这种惯性的利器。同理心并不意味着认可或接受所有行为，而是理解每个人的成长经历、成长环境不同，不是所有人都能拥有同样的认知、觉悟或是资源。我们无法知晓他人背后的故事，那些看似"懒惰"或"愚蠢"的人，也许正经历着自己难以言说的困境。当我们带着同理心去看待世界，宽容便会替代批判，内心也变得柔和。当对别人有负面情绪时，停下来问问自己："如果处在对方的位置，我会怎么做？"

放下竞争心态，培养合作意识

小王时常拿自己与他人比较，有强烈的竞争心理。这其实是一种对外界认可的渴望，她需要以赢过别人来证明自己的价值。要减少这种对外在认可的依赖，可以尝试把竞争心态转化为合作意识。与其在意他人的眼光，不如多去关注自己的成长。当竞争心理浮现时，问自己："我是否需要通过超越他人来证明自己？"这样的觉察，会让心态变得更加开放，也能摆脱无谓的内耗。

关注内在力量，减少对外在评价的依赖

小王容易因他人的冷淡或轻视而愤愤不平，这源自于她对外在评价的过度依赖。真正的高能量状态并不依赖他人的反馈，而是来源于内在的平和与自信。培养内在的稳定感，意味着学会不被外界的反应轻易左右，关注自己的真实需求。当你感到愤愤不平时，你可以停下来问自己："我真正想要的是什么？我是否过度在意别人的反应？"可以通过多做冥想、正念练习来专注于当下的感受，减少对外界的依赖，让自己保持内在的从容和坚定。

克服对被轻视的敏感，培养内心的安全感

对被轻视的敏感，往往源于内心的不安——害怕被忽视、害怕不被认可。为了回避这种恐惧，我们可能会用高傲或过度自我保护来武装自己。但真正的安全感，来自于内在的稳固。

要克服这种状态，就要学会放下比较，转向内在的平和与宽容。骄傲是一种对外界评价的依赖，而更高的能量状态，如谦卑与爱，则是一种自由的心境。练习感恩，专注于自己的成长，而非执着于和他人的竞争。提醒自己：每个人都是不断学习和成长的个体，真正的自信，是不再需要向外证明自己，能从内在感受到笃定与力量感。

高能量状态不仅仅是情绪上的稳定，更是内心深处的一种自由与从容。真正的力量，源于内在的稳固，是始终知道自己的价值，保持对自己的爱。即使世界不理解你，你仍然选择善良、选择爱，并且能始终对世界释放善意。

第四章

重新养一遍自己

我们常常听到这样一句话："道理我都懂，但就是做不到。"这几乎成了许多人在人生困境中无奈的叹息。明明知道要积极乐观，却总是陷入焦虑和恐惧；明明知道自我接纳的重要性，却始终无法真正爱自己。理智上的认知，为何无法促成实质性的转变？从心理学的角度来看，这背后的根源往往是我们内在的匮乏。成长过程中，我们积累了太多未被解决的"卡点"，导致即使理智上知道如何去改变，但情感上、潜意识里，仍深陷旧有模式，很难做到真正的突破。

　　这些"卡点"大多来自我们的原生家庭。因父母对我们的教育方式和与我们的情感互动形成的心理模式，影响了我们如何看待自己和世界，也设定了我们最初的生命脚本。

　　因此，要想真正提升内在力量、打破局限，光靠对理论的理解是不够的。唯有深入内心世界，去探究那些影响我们行为、情感和思维模式的根源，才能修复过去的创伤，补充成长过程缺失的心理营养，打破旧有的思维模式，完成真正的蜕变。本章我们将从原生家庭入手，帮助大家一步步深挖内在匮乏的根源，学会"重新养育"自己，创造属于自己的第二人生剧本。

第一节

改写你的人生剧本

┃ 重新书写信念和模式，为人生开启新篇章 ┃

我们的生命故事前几章或许由原生家庭和过往经历书写，但这并不意味着结局已定。真正的成长，是打破过去的束缚，重新定义未来。改变自己，就像升级一套旧有的操作系统，经过优化升级，让内在程序焕然一新。每一次认知的突破、思维的调整，都是在改写命运的脚本，让我们更靠近理想中的自己。

很多人成为心理咨询师，是因为曾经亲历过心理困境，我也不例外。24岁那年我惊恐发作，被诊断为急性焦虑障碍，被医生建议药物治疗。

那一刻，我几乎无法相信——一向自认乐观开朗的我，竟也会被焦虑症击中。但正是从那一刻开始，我真正走进了自己的内心世界。后来通过学习心理学，我才明白，这场危机并非毫无征兆，原生家庭的影响早已在我心中埋下伏笔。父亲重男轻女、脾气暴躁，我从小在紧绷和压抑中成长，情绪系统长年处于高度戒备状态。我的大脑杏仁核对压力异常敏感，而负责调节情绪的前额叶皮层却因长期应激而功能受限。这种失衡，使焦虑在潜意识中悄然积累，最终爆发。

望着手中的药瓶，不甘屈服的劲头翻涌上来：我不想就这样被困住。于是，我开始探索自我疗愈的方法。起初是瑜伽、冥想、呼吸练习，这些帮助我短暂舒缓情绪。但我知道，仅仅"止痛"并不能根治病症。真正的转机，是我开始直面内心的"卡点"：童年的创伤、自我价值感的缺失、对他人认可的渴望……我明白，要真正走出心理困境，必须"重新养育"自己，补上那些年缺失的心理营养。

我开始调整作息、坚持运动、改变思维模式，一点一点地重建内在的秩序。即使短期看不到明显改变，我也告诉自己：继续走，别停下。当我学会温柔地对待自己，焦虑也慢慢放下了它的戒备，而我，终于活成了自己想要的模样。

如果只看结果，你可能无法想象我这一路转变的艰辛。17岁那年，我因成绩不佳而辍学；而10年后，我靠自学赴英读研。18岁时，我的英语水平不过初中程度；到了36岁，我已经在英国取得了两个硕士文凭，成为心理学专业人士。此后，我走入公众视野，在自媒体上分享心理学知识与个人故事，逐渐积累了百万粉丝。

从被贴上"问题少年"标签的辍学生，到如今的心理作家，我深知，每一个黑夜的降临，都是为了引领我们走向内在的光明。如果没有那些痛苦的经历，我也许永远不会踏入心理咨询这条路。命运并不总是温柔的，但它自有深意。那些我们以为走错的路，其实一步步把我们带向了更真实、更有力量的自己。

这个世界上，每天都有无数人在改写自己的人生剧本。尽管我们无法选择原生家庭赋予的第一人生剧本，但成年后，我们完全有能力去创造属于自己的第二人生剧本。我的故事只是千千万万成功改写了人生剧本的例子之一。相信自己，迈出改变的步伐，你同样可以为自己创造全新的命运篇章。

如果"改变命运"听起来太遥远，那么不如从一些小小的改变开始，让生活变得更舒心、更温暖。我见过许多来访者，他们都能在一点点的调整中，找回内在平衡，过上崭新的生活。其中，安妮的故事，值得我分享给大家。

安妮是一家公司的部门经理，她责任心极强，做事追求极致，几乎把所有事情都做到完美。她对身边的人也要求严苛，习惯性地批评下属，甚至在家中也因为要求小事尽善尽美而跟丈夫争吵，婆婆因此对她敬而远之。安妮很困惑："为什么大家都不喜欢我？我是真心为他们好啊！"

在咨询中，我们深入探讨了她的内在模式。我问她："你对别人要求很高，是不是因为对自己也同样苛刻？"她沉默了片刻，点了点头："确实，我总觉得自己不能犯错，否则就会被淘汰。"我继续说道："当我们对自己要求极高，内心的焦虑也会不自觉地投射到别人身上。只有看到别人达标，我们自己内心的压力才能稍微平衡。"她听了，深深叹了口气，似乎突然明白了什么。

这种苛责其实源自安妮的成长经历。她的父母对她的要求极高，尤其是她的母亲，只有当她做到完美时，才给予她认可。慢慢地，这种苛刻就内化成了她的自我要求，总是觉得自己必须完美，久而久之，她无法接纳自己的缺点，无意识地希望别人也能达到同样的标准，仿佛只有这样，才能填补心底的匮乏感和不安全感。随着抽丝剥茧的深入剖析，她开始明白，自己对他人的批判和苛责并非源于不懂得如何爱别人，而是源于没有真正接纳自己。

在明白这一点后，她开始试着对自己放宽要求，不再强求完美，也学着理解身边的人。当然转变的过程并非一帆风顺，但最终她做到了。在家里，她不再用强硬的语气要求丈夫和婆婆，而是尝试用柔和、商量的方式沟通。在工作中，她学会更多地鼓励下属，而不是只看到问题便严厉批评、苛刻要求。她开始关注团队的努力，而不仅仅是注重结果。渐渐地她发现，周围的人愿意亲近她了，而她自己感到了一种前所未有的轻松，人也慢慢变得平和起来。

尽管原生家庭和成长经历在早年设定了我们的内在模式，塑造了我们的第一人生剧本，但命运从未被因此锁定。所谓改变，也不非得是惊天动地的转变，那些微小却深刻的调整，就能让我们获得成长的力量。

第二节
给自己补充心理营养

| 有意识地为内心注入爱和支持，填补情感空白 |

正如第二章的第二节所说，就像身体生长需要食物一样，心灵的成长也需要养分来滋养。如果我们在小时候没有得到足够的关爱、理解和情感支持，那么内心的这些空缺不会凭空消失，而是会随着我们的成长，渗透进我们成年后的生活，影响我们的情绪、信念和人际关系。[1]

幸运的是，小时候心理营养的缺失并不决定命运，即便童年没有被温柔以待，成年后的我们依然有能力像一位慈爱的母亲那样，重新养育自己，填补那些被忽略的心理空白。在本章，我们将深入探讨如何补回成长过程中那些未得到的无条件的爱、肯定、赞美与认同，还有那些缺乏的安全感，讲解如何从内在建立稳定感和力量。以下是一些可具体实践的方法。

---

1 林文采，伍娜. 心理营养：林文采博士的亲子教育课 [M]. 上海：上海社会科学院出版社，2016.

建立自我认同感

自我认同感是我们对"我是谁"的理解和认可。一个缺乏自我认同感的人，会感到迷茫，害怕做出选择，这是因为他们总是在寻找外界的认同，而非倾听自己的声音。以下两个方法能帮你更清晰地找到那个真实的自己，大家可以加以练习。

建立自我画像

我们常常把精力放在取悦他人、迎合他人的期待上，却很少认真问问自己："我真正喜欢做什么？我擅长什么？我最在乎的是什么？"当你无法回答这些简单的问题，就容易在人生道路上迷失，随波逐流。因此，我们需要把注意力转向自己的内心世界。每天留出一些时间，试着记录自己的情绪、思考和感悟，写下一天中让你感到快乐或满足的瞬间，也记录那些让你感到难过或抗拒的事情。随着时间的推移，你会发现，你对自己的理解变得更加清晰，那些曾让你感到困惑的事，也会变得明朗起来。

建立"反向清单"

我们总是在寻找自己喜欢的事物，却忽略了搞清楚"自己不喜欢什么"同样重要，因为它帮助我们明确自己的界限和底线。建立一份"反向清单",花一点时间写下让你感到不舒服、焦虑的事物,甚至那些不想再维持的人际关系。是哪些人和事让你感到疲惫?哪些行为让你抗拒?哪些环境让你喘不过气?这些你不喜欢的事物也往往能体现你的核心价值观,它们可以帮助你厘清内在边界,让你学会拒绝,减少无意义的消耗。你会发现,学会说"不"之后,你的精力也会逐渐回归到真正重要的事情上。

学会自我肯定:成为自己最坚定的支持者

假设帮助一个人从孩童时期开始建立自信心一共需要2000句肯定、赞美的话,那么从小缺乏这部分心理营养的人会怎样呢?他们会不断从外部寻求认可,以填补这种不足和匮乏。我们渴求掌声、赞美、别人的羡慕,这种虚荣心的满足事实上是一种多巴胺驱动的上瘾——每一次被赞美、被夸奖,都会带来短暂的快感,但这种满足转瞬即逝,像海市蜃楼,看似光鲜,实则无法真正带来自我认同的稳定感。

真正的力量,不是依赖外界投喂,而是来自内心的丰盈。当你不再把自己的价值寄托在他人的认可上,而是发自内心地欣赏自己、接纳自己的不完美,你才会真正拥有内在的安全感。所以，我们可以试试每天清晨或夜晚，对着镜子里的自己说"你值得被爱""你就是很好很好"。每一句对自己肯定的话，都会像阳光洒在心田，逐渐填补内在那些曾经的空洞。

尝试记录每一个小小的成就——完成了一个工作任务、好好照顾了自己或家人、坚持了一次运动……它们看似微不足道，却是生命里的微光，点点滴滴积累起来，最终会成为你信任自己、信任世界的源泉。

练习自我肯定还有一个关键点：试着关注自己的进步，而不是他人的标准。自我肯定从来不是与他人比较，关注自己的进步而非社会定义的"成功"，能让你学会为自己的人生喝彩。我们需要不断提醒自己"我已经很好，我的价值从来不需要向别人证明"。真正的自我肯定，不是让自己变成另一个人，而是允许自己成为自己，并欣赏自己的独特性。当你学会这样看待自己，你便拥有了真正的力量。

在自己的世界建立安全感

安全感是一种内在的稳定与笃定感，它不依赖于外界，而是来自内心深处的支撑。当你的安全感不再寄托于他人、环境的支持，而是从自身生长出来，你便能在任何境遇下保持平和。建立这样的内在安全感，需要一些具体的实践。

创造专属的心理安全空间

给自己打造一个个人专属的空间，一张书桌、一盏温暖的灯、一块柔软的地毯，这个地方只属于你，是你可以随时回归的"内在避难所"。这样的专属空间可以在你的心理上形成一种稳定感。在这里，你可以阅读、喝茶、写作，它是一个让你随时可以回归的心灵栖息地，无论做什么，你都能得到安抚。

自我拥抱并与自己进行积极对话

当情绪低落或焦虑来袭，不妨双手环抱自己，对自己说"没事的，我很安全""一切都会好起来""我值得拥有幸福"。这并不是自欺欺人，也不是顾影自怜，而是一种对自己内在的支持和承诺。去感受自己双臂强而有力的支持，当你体会过一次自己能接住自己、在风雨中安慰自己的感觉，你的安全感便不再依赖外界，而是从内心生长出来。

学会设立情感边界，减少不必要的消耗

当你过度迎合、取悦他人，你的安全感也会流失。学会拒绝那些超出你承受范围的要求，不让别人绑架你的情绪。当你学会为自己设定界限，停止无谓的消耗，你会发现，内在的能

量变得充裕，安全感也随之增长。

　　成年后，我们完全有能力主动填补过去缺失的安全感，重塑内在的力量。从建立自我认同感开始，逐步提升自我价值感、练习情绪管理，培养健康的人际关系，让兴趣与爱好成为滋养心灵的源泉，让生活回归平静与丰盈。当这些心理养分一点点填补充实我们的内心，我们就不再只是活着，而是真正开始了属于自己的生活。

第三节

更正原生家庭错误的教育模式

❘ 用清晰的边界感和独立思考，纠正过去的影响 ❘

许多人说："我之所以成为今天的样子，全是因为我的父母。"这句话或许没错，原生家庭确实在我们身上烙下了很深的印记，但你不能让过去定义你，而是要学会重新定义过去。父母的教育塑造了你的起点，但决不是你的终点，你不该被过往禁锢。要想摆脱束缚，第一步是觉察那些在生活中不断重复的模式，觉察过度控制、情感忽视或缺乏安全感是如何潜移默化地影响着你今天的思维、情绪和选择。只有看清这些枷锁，才能找到打开它们的钥匙。

觉察只是起点，帮助你认清影响自己的旧模式，接下来你需要用行动去打破、去超越它，建立属于自己的心理秩序。这意味着你要通过自我反思，去深挖那些曾经的痛点，理解它们如何塑造了你的行为模式；建立健康的人际关系来更新、净化过去的情感模式；学习提升心理韧性；通过重新定义自己的价值，找到内心的力量。

走出原生家庭的阴影不是一朝一夕的事，而是一场需要耐心与勇气的修行。接下来，我们将结合第二章第三节，针对不同的家庭教育模式，提供具体的操作方法，帮你一步步摆脱原生家庭的束缚，重塑你的内在秩序，找到属于自己的内在力量。

从严苛中自立

如果你的成长过程中充满了严厉的管教，你可能会不断追求"完美"，内心总有一个声音在提醒你"还不够好"。这种成长模式，容易让人形成低的自我价值感、对失败恐惧、渴望外部认可等问题。要摆脱这些问题的影响，关键是重建内在力量，让自己不再被过去的枷锁束缚。

识别严厉教育的"烙印"

改变的第一步，是看清那些深埋在潜意识里的模式。问问自己：我是否经常苛责自己？是否害怕失败、害怕被评价？梳理它们的根源，忖度一下，这些声音真的属于你吗，还是父母曾经的训斥在你心中留下的回音？为了帮助自己从"默认模式"中剥离出来，我们可以写自我觉察日记。当出现情绪波动时，花几分钟时间记录，并问自己："这份感受是来自当下的情境，还是童年的阴影？"当你开始分辨当下与过去的界限，你会逐渐摆脱旧有思维的束缚，让自己获得真正的自由。

学会接纳不完美，化解内心的冲突

"完美主义"是严厉教育的后遗症，它让人觉得"有缺陷就不值得被爱"。但真正的自我价值，不是来自完美，而是来自接纳。每当你犯错或没有达到预期时，不妨对自己说："即使我有缺点，我依然值得被爱。"尝试着像慈母安抚孩子那样宽容地对待自己，而不是一味地自我苛责。我们可以练习宽容的自我对话：每当自我批评的声音响起时，先深呼吸，再对自己说几句宽慰的话，比如"我不需要因完美而显现价值""我已经足够好"。让自我安慰成为一种习惯，当你完全接纳自己时，就会惊喜地发现，自己不再像以前那样在乎别人对你的看法了。

重建自我价值感，突破"怕犯错"的心理束缚

严厉型父母往往吝啬于肯定，导致许多人成年后缺乏自信，觉得自己"永远不够好"，总是苛责自己。要重建自我价值感，关键是学会认可自己的努力与成长，不被"还不够好"的念头困住。可以每周写下自己的小成就，不论是多么小的一件事情，哪怕只是好好休息了一天，都值得被认可。这些练习能让你的注意力从"还不够好"转向"我已经很好"，让内在力量逐步扎根。

突破"怕犯错"的心理障碍

严厉型教育让人对错误充满恐惧。孩提时每一次失误都可能换来批评甚至惩罚，久而久之，我们内化了"我不能犯错"的信念，害怕失败，害怕被指责，害怕自己不够好。成年后，这种恐惧让我们在面对选择时犹豫不决，宁愿把决定权交给别人，以减少犯错的可能。然而，这样的习惯不仅削弱了我们的自信，还让我们无法真正掌控自己的人生。

要突破这种"怕犯错"的心理障碍，关键是学会接纳自己的不完美，把犯错视为成长的必经之路，并不断告诉自己："真正的安全感，不是从不犯错，而是相信即便犯错，也不会损害我的价值。"

练习设定"容错空间"，尝试给自己留出犯错的余地。例如，设定任务时，给自己留出缓冲时间，避免过度紧张。每次完成任务后，无论结果如何，都要肯定自己的努力，并告诉自己："即使有些不完美，我依然做得很好。"这种练习能帮你逐步适应不完美的现实，降低对错误的敏感度，让你逐步积累信心，学会相信自己。

从忽视中重生

如果我们的童年缺少父母的关注和情感支持，成年后，我们往往会在内心深处感受到一种难以填补的空缺。这种忽略型教育，可能让人习惯性地压抑需求、回避亲密关系，甚至不自觉地将自己封闭在"情感孤岛"中。然而，真正的成长，是学会给予自己曾经缺失的爱，慢慢修复内在的创伤，重新建立对自己的信任，也找回对世界的信任。

认识忽略型教育的影响，开始自我觉察

父母的忽视让我们从小就习惯独自面对一切，不愿表达需求，甚至不敢奢望被关心。要改变这种模式，首先要看见它的存在。尝试回忆童年被忽视的片段，例如生日被遗忘、成绩再好也无人问津等，然后观察自己在关系中的表现——是否总是

压抑自己的感受，或在亲密关系中害怕依赖？意识到这些模式的存在，是改变的第一步。

学会自我关爱，重建内在力量

成长在忽略型教育家庭的孩子，往往对自己也缺乏耐心和关爱。因此，我们需要主动练习"照顾自己"。每天留一段时间做让自己感到满足的事情——无论是阅读、冥想，还是散步，让这段时间成为你与自己联结的时刻（参见第五章第二节"能立即提升内在能量的活动"），也可以写下自己的情绪和需求，让自己习惯倾听内心的声音，而不是忽略它。多练习几次，你会逐渐感受到内在力量的增强，那个曾被忽视的自己，终于被温柔地看见。

建立健康的亲密关系，打破"情感孤岛"

习惯被忽视的人，往往在关系中害怕表达需求，担心自己的感受不被重视。但亲密关系的本质，是彼此分享。因此，我们可以从最信任的朋友或家人开始，试着表达自己的感受，哪怕只是分享当天的心情、告诉对方"我最近有点累"。这些表达会慢慢让你适应在关系中真实地展现自己，也能让你看到，原来世界并没有那么冷漠。

重建对他人和世界的信任

被忽视的经历可能让人习惯性地独立,不愿依赖他人。但真正的独立,不是"万事不求人",而是在需要的时候,知道自己有可以信赖的人求助,尝试参加兴趣小组、社交活动,与志同道合的人建立联系,慢慢扩展人际圈。当你开始接受来自他人的关心与支持时,你会发现,世界其实远比你想象的要温柔。

在宠溺中成长

如果在你的成长过程中,父母总是事无巨细地包办一切,让你在"温室"中长大,成年后的你可能会缺乏独立性,不敢面对挑战。在宠溺型教育之下长大的孩子,面对挫折时可能会不知所措。要真正走向成熟,我们需要主动培养独立性、自信心和对生活的掌控感,成为自己人生的掌舵人。以下是几种方法,可以帮助你从宠溺型教育的束缚中解脱,迈向独立、成熟的人生。

从小事入手,培养独立能力

独立不是一蹴而就的,而是从生活的点滴开始积累。你可以尝试自己整理房间、做饭、管理自己的财务，这些看似微不足道的日常琐事，其实是在为独立生活奠定基础。你会发现，每一次自己解决问题，都会增加你的自信，让你逐渐相信：我可以依靠自己。

逐步建立自尊心，学会肯定自己

在宠溺型教育模式中，父母替我们做了太多决定，这让我们误以为自己没有应对的能力。要改变这种模式，可以记录每次独立完成任务的成就，无论大小，无论多么简单，只要是自己独立完成的，都值得被肯定。这种小小的"胜利"能够让我们看到自己在慢慢进步，逐步摆脱过去依赖他人的模式。

建立安全感，保持生活的稳定性

习惯被照顾的人，常常对变化感到不安，遇事容易慌乱。想要增强安全感，可以从营造规律的生活开始。制定每日计划，让自己知道下一步该做什么，减少焦虑感。同时，逐步减少依赖他人的习惯，练习自己做决定，比如今天吃什么、周末如何安排，而不是每件事都询问别人的意见。

培养自我管理能力，增强掌控感

父母的大包大揽让人缺乏时间管理和任务规划的能力，你可以试着使用日程表、任务清单，合理安排时间和优先事项，让生活更有条理。经济独立也是建立自信的重要一环，练习简单的财务管理，比如设定预算、记录开支，能让你在金钱上更有掌控力，摆脱对他人的依赖，获得更稳固的底气。

真正的成长，是从被动依赖走向主动掌控。你不再需要依靠别人的决定来生活，而是学会为自己负责，成为自己人生的主人。

我们曾一度以为，原生家庭的层次水平就是一个人的前途命运。但学会成长就是要看见它，理解它，然后慢慢摆脱它的束缚。每一次觉察，都是一道缝隙，让光照进来；每一次尝试，都是对旧有脚本的改写。过去塑造了今天，但未来，可以由你在此刻亲手书写。

第四节
摆脱习得性无助的恶性循环
l 从小目标开始，重建生活的掌控感 l

有的人总觉得自己什么都做不好，其实，这并不是你的错，而是你在过去经历中潜移默化学会的模式作祟，心理学家马丁·赛利格曼将其称为习得性无助。幸运的是，这种模式是可以被打破的，关键在于改变认知和行动方式。[1]

首先，要学会识别那些让你停滞不前的声音，如"我不行""这件事太难了""失败是注定的"。这些声音并不真实，却非常具有说服力，因为它们伴随了你太久，几乎成了你的默认设定。每当它们出现时，试着停下来，问问自己："这是真的吗？一件事没有做好，就意味着做什么都不行？"勇于挑战这些声音，对它们进行反驳，如"挫折只是暂时的""一件事情不能定义我"，你就是开始在潜意识里松动过去的局限性认知了。

1　马丁·塞利格曼. 活出最乐观的自己［M］. 洪兰，译. 沈阳：万卷出版公司，2010.

真正的力量来自行动。习得性无助让人觉得"反正努力了也没用",于是我们选择停滞不前。但实际上,行动才是改变的关键,哪怕是从很小的行动开始,比如每天早晨准时起床,记录一件值得感恩的事,或者坚持步行 10 分钟。无论目标多小,只要你完成了,就会带来掌控感。而这些小小的胜利,会产生滚雪球效应,最终让你相信"我可以""我比想象中更有力量"。

接下来,我将为你提供一套实操方法,只要坚持至少 21 天,一定会产生意想不到的效果。

第一步:记录并挑战消极思维

写下每一次让你情绪低落的经历,并记录你最初的想法,比如"我就知道我做不到""我确实不够优秀"。然后,挑战这些负面想法,问自己:"我有充分的证据证明这些想法是真的吗?""有没有其他可能?"我曾经有一位来访者,每当孩子在学校表现不好时,她都会认定自己是个失败的母亲,不断自责。但当她真正去检视自己的育儿过程时,她发现自己每周都会花四五个晚上给孩子讲故事,每个周末都会陪孩子参加活动。她原以为自己做得远远不够,可是当她看到这些事实后,才意识到自己其实已经付出了很多。这种认知的转变，帮她从自责中慢慢走出来。

每周至少记录 3 次自动化的消极思维，再用事实和理性反驳它，坚持三周，你会发现自己比想象中更有力量。当我们用事实和数据而不是凭感觉来说话，你会发现，自己根本不像想象中的那样糟糕。

第二步：积极行动，积累自信

习惯性的无助感，很多时候来源于"什么都没做，所以觉得什么都做不到"。真正让人强大起来的从来不是空想，而是行动。每天列出 3—5 个小任务，哪怕只是"整理书桌""散步20 分钟""阅读 10 页书"，并确保至少完成其中的两项。每一个小目标的达成，都会带来成就感，让你感受到自己的进步，形成正向循环。坚持三周，你会惊讶于自己的蜕变。记住，这不仅仅是在完成任务，而是一次次在内心构建对你自己的信任感和力量。

第三步：改善环境，减少内耗

列出让你感到自己被消耗的环境、人或关系，比如总是抱怨的同事、平白无故让你烦恼的朋友，甚至是社交媒体上的负能量内容。有意识地减少与这些消耗源的接触，不要让其影响你的情绪。

同时，主动寻找正面支持。加入能让你成长的圈子，比如读书会、健身俱乐部或专业培训机构，或者寻找能带给你正能量的朋友。人的状态很大程度上取决于自己身边的人，选择更好的社交环境，就是选择更好的自己。

第四步：自我接纳的练习

每天抽出 3—5 分钟时间，站在镜子前，温柔地看着自己，对自己说"我虽然不完美，但我值得被爱""我允许自己有情绪，但不让它操控我""我可以偶尔犯错，偶尔偷懒"，等等。

要强化这种自我接纳，可以试着在日记中写下让你感到遗憾的事情，并补充一句鼓励的话，比如"虽然我今天开会时表达有些混乱，但至少我勇敢地发言了"，让你的注意力从"必须做得完美"转移到"为自己的努力感到骄傲"。

想要真正的改变，不能仰赖一时的激情，而是要日复一日地坚持。或许今天的努力尚未见效，或许你仍会怀疑自己，但请相信，那些看似微不足道的改变，终会在某一天汇聚成洪流。

第五节

打破强迫性重复的魔咒

| 识别潜意识中的循环，学会掌控自己的选择 |

在第二章中，我们讨论了强迫性重复如何让人深陷痛苦的循环——即使在理智上明白某些行为和关系会带来伤害，我们却一再陷入相同的困境。强迫性重复并非无法打破。真正的自由，来自看见——当我们能够深入觉察内心，理解过往经历如何塑造了今天的行为模式，我们便拥有了选择的权利。[1] 在这一节中，我将带你走向更深的自我探索，透过觉察、理解、疗愈与行动，逐步打破旧有循环，让自己走向真正的掌控与自由。

看见隐藏的模式

首先，我们要觉察到自己的情感和行为模式。这一步非常

1　卡尔·荣格. 原型与集体无意识 [M]. 徐德林，译. 北京：国际文化出版公司，2011.

重要，许多人在痛苦中挣扎，却未曾停下来问自己："为什么我总是遇到类似的关系？为什么我一次次踏入相同的情境？"自我觉察是深入内在的探索，不仅是观察当下自己的情绪、行为、情感反应，更重要的是去挖掘它们与早年经历之间的隐秘关系。以下是一些具体的操作方法，帮助你识别并深刻理解自己的行为模式，找到其无意识运作的驱动力，从而实现真正的转变。

记录日常情绪，识别行为模式

许多痛苦的情绪和行为并非偶然，而是无意识模式的重复。通过记录和观察，我们能识别这些模式，从而打破循环。

第一步：记录事件。发生了什么？你的第一反应是什么？（愤怒、焦虑、孤独等。）你是如何应对的？（争吵、逃避、焦虑过度等。）比如：在工作会议上我的建议被忽略，主管采纳了别人的方案。我感到愤怒（程度在70%），整天闷闷不乐，甚至影响了晚上睡眠。

第二步：发现重复模式。可以问问自己，这类情境是否频繁出现？是否与你的童年经历类似？比如：我发现自己总是在努力争取认可，但一旦被忽视，就陷入自我怀疑。回想童年，我的父母很少肯定我的表现，只有把事情做到完美才会被他们注意。当你开始看到模式，就已经在改变的路上了。

回顾早年经历，找到情感根源

我们成年后的反应，往往是童年模式的延续。回顾成长经历，能帮我们理解这些反应来自何处，并开始重新选择。

第一步：回忆童年模式。想一下你小时候是否常被父母忽视、苛责或控制？比如：小时候，父母对我要求很高，考95分会被问"为什么不是100分"。

第二步：连接过去与现在。你现在的痛苦模式，是否与童年经历相似？你是否下意识地用相同的方式应对问题？比如：成年后，每当努力得不到认可，我就会自责，就像小时候一样。

第三步：觉察"熟悉感"。这些模式是否让你"习惯"，甚至有某种安全感？你是否在无意识地重复它们，即使它们并不真正让你快乐？比如：虽然被忽视让我痛苦，但这也是我熟悉的感觉，甚至比被关注更让我习惯。

现在，你可以选择不再重复过去。当你看清了自己的模式，你就已经迈出了改变的第一步。接下来我们将探讨如何真正打破旧有的情感脚本，建立新的思维方式。

释放情绪，打破强迫性重复

许多强迫性重复的模式，来源于我们内心未被表达、未被处理的情感创伤。我们在成年后不断重复经历类似的情境，本质上是潜意识试图借此"修复"未解的心结。但如果只是机械地重复，而没有真正面对和释放这些情绪，我们就会被困在循环中。要打破这种模式，关键在于给予情绪出口，让那些被压抑的愤怒、悲伤、失望有机会流动、消散。以下是几种能够有效释放情感的方法，让你在表达中疗愈自己。

情感写作：让压抑的情绪找到出口

当情绪涌上心头，拿起笔，把所有的感受毫无保留地写下来——愤怒、委屈、失望，甚至是难以启齿的想法，都可以倾泻在纸上。不要在意逻辑和文笔，不需要刻意修饰，只管传达出你内心最真实的声音。写完后，你可以选择撕毁、烧掉，或是收起来，重点不在于如何处理，而在于在这个过程中，你已经让那些堵塞的情绪找到出口，让内在的能量得以释放。

艺术表达：用创造力释放无声的情绪

有时候，言语无法精准地表达我们的情感，而艺术能做到。绘画、音乐、舞蹈，甚至简单的涂鸦或手工，都可以成为一种情绪的出口。当你用色彩在画布上挥洒内心的感受，或在旋律中释放压抑的情绪，内在的痛苦会逐渐流动，转化为自由和轻盈。你可以随心选择最让你舒展的艺术表达方式，让情绪在创造的过程中被消化，让内心在表达中获得松弛与疗愈。

愤怒表达练习

有些情绪，仅仅用言语或书写难以彻底释放，尤其是积压了很久的愤怒或失望。这个时候，我们需要进一步的操作，让这些能量得以释放。在安全、不扰民的前提下，你可以通过大声喊叫、拍打枕头等方式，释放这些强烈的情绪，你也可以做一些比较剧烈的运动，比如跑步、拳击，来让情绪流动。要特别强调的是，这样的方法只适用于在情绪强烈到难以控制的时刻，作为一种紧急缓解情绪的手段。它们能在短时间内帮助你缓解压力，但不能长期使用，否则可能会让你习惯于用宣泄愤怒的方式来面对问题，而不是真正去理解和解决它。[1] 释放愤怒情绪，不是让愤怒主宰你，而是让它被看见，让它流动、释放。

还记得第二章第五节中小雅的个案吗？小雅在亲密关系中

---

[1] 丹尼尔·戈尔曼. 情商：为什么情商比智商更重要 [M]. 杨春晓，译. 北京：中信出版社，2010. 戈尔曼指出，情绪释放应当谨慎应用，仅用于无法控制的强烈情绪，避免形成以愤怒应对问题的习惯。

反复受伤，执着于男友的态度，直到她意识到，这份执念并非源于深深爱着对方，而是童年父爱的缺失让她习惯追逐难以得到的爱。

在咨询中，我采用"空椅技术"模拟了她与父亲的对话，说出了她曾经未能表达的情感，终于让她释放了压抑多年的痛苦。她开始练习自我肯定，每天对着镜子说："我的价值不取决于任何人。"她设定具体目标，让自己专注于成长，而不是沉溺于情感困境。

当男友再度对她冷淡时，小雅不再恐慌，她问自己："这段关系真的让我快乐吗？"她做出了放手的决定，不再迎合，也不再执着。她结交了新的朋友，生活变得充实。在新的感情里，她惊喜地发现自己变了：她能表达需求，尊重界限，不再牺牲自己去换取爱，最终收获了一段滋养她的关系。

小雅的案例很好地诠释了打破强迫性重复的关键：首先认清自己执着于男友的真正原因，然后通过自我疗愈修复曾经的创伤，最终走出情感困境，不再把幸福寄托于别人，而是掌握在自己手中。

第四章即将结束，但你的疗愈旅程才刚刚开始。在这一章中，我们一起追溯了原生家庭的影响，揭开那些隐藏在心底的匮乏，并学会如何补充曾经缺失的心理营养。这不仅仅是一次关于成长的探索，更是一场与过去和解、与自己重逢的旅程。

重新养育自己并非一蹴而就，而是一场温柔而持久的修行。每一次觉察、每一份接纳，都是一次心灵的进化。我们看见了父母的严厉、忽略或宠溺是如何塑造了我们的局限，也从这些"卡点"中发现了自我成长的契机。最重要的是，你已经在路上。无论过去的伤痕多深、道路多曲折，每一次回望都是为了更坚定地前进。本章的重点，是为你提供通往内在自由的钥匙，而如何打开这扇门，全然取决于你自己。带着对自己的信任与勇气，让我们继续探索那些能够真正提升内在力量的具体方法。

第五章

提升内在
力量

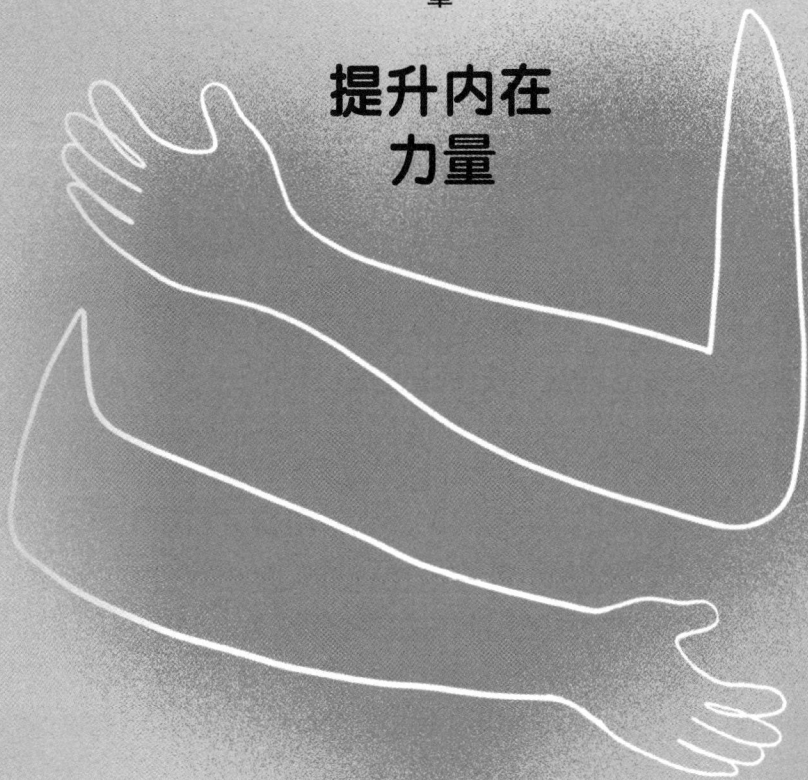

读到这里，你或许已经意识到，生活的起伏本就是常态。情绪的波动、思维的变化——这些看不见的力量都在悄悄塑造着我们的行为、决策和对世界的感知。

在这一章，我将带你进入实操环节，为你提供具体、实用、易上手的工具，让你随时随地调整自己的心态，提升内在力量。无论你希望改善情绪、增强自信，还是维持更高的能量状态，这些方法都能成为你的助力。我们不再只停留于理论，而是专注于如何将概念落地为日常可行的实践，希望你读完这章，能真正带着方法开启每一天，创造属于你自己的第二人生剧本。

你将学会如何管理情绪，不再被它牵着走；学会建立专属于你的"日常能量补充清单"，在生活的点滴中积蓄能量。另外，我们真的不必大费周章，四处寻找解药，大自然就是最温柔的疗愈师。阳光的温暖、微风的温柔、绿意的生机，这些简单却强大的自然元素，都能成为你维持稳定能量的源泉。当我们学会善用这些触手可及的治愈力，内心也会被重新滋养。

最重要的是，这些方法不仅有立竿见影的效果，还有长期累积的效应。日复一日的练习，会在不知不觉间稳固你的内在力量，让你逐渐摆脱情绪的困扰，从而活得更自在、更平和、更有力量。最终，你会发现，你不需要成为别人期待的样子，而是可以温柔而坚定地活出属于自己的第二人生。

第一节

停止情绪对时间的掠夺

| 学会管理情绪，从容度过每一天 |

情绪，是我们生活中最强大的驱动力，它塑造着我们的行为，影响着我们与世界的互动。它既能点燃我们的激情，也能把我们拖入低谷。更可怕的是，情绪在悄无声息地"掠夺"我们的时间和能量。

你是否有过类似的经历？一个小小的意外、一句无意的批评，或是一段不愉快的对话，竟能毁了你一整天的好心情，甚至让你在接下来的几天都深受影响。比如早上匆忙出门，忘带重要的文件，结果错过了会议。你懊恼、自责，这一天都无法专注，效率低下，心情低落。这就是情绪对时间的掠夺，它像被污染了的空气，悄然弥漫，让你整个人状态低迷、失控，甚至对你造成深远的影响。丹尼尔·戈尔曼在其著作《情商》中指出，负面情绪如果不加以管理，会形成"情绪蔓延效应"，影响工作表现、心态和社交互动。[1]

因此，想要停止情绪对时间和能量的掠夺，我们要学会及时觉察、主动应对，不让它在内心肆意生长。真正的情绪掌控力，不是一味地压抑和忽视情绪，而是不被情绪所控，让自己拥有选择权，在情绪出现的瞬间，知道如何回应，不被它牵着走。以下是具体的实操方法，让你在生活中真正掌握情绪。

将时间切割成独立的时间段

《幸福哲学书》的作者格雷琴·鲁宾进行了一场为期一年的幸福实验，她发现了一个有趣现象：坏情绪会"污染和掠夺"我们的时间，但是如果我们学会将时间切分为独立的时间段，就可以重启我们的情绪，阻止负面情绪的蔓延，重新掌控自己的生活。[2]

"时间切分"是一种高效的情绪管理技巧，将一天划分成独立的小单元，避免负面情绪蔓延，影响你的一整天。你可以将一天分为四个六小时的时间段（早上、下午、夜晚、凌晨）

1　丹尼尔·戈尔曼. 情商：为什么情商与智商更重要［M］. 杨春晓，译. 北京：中信出版社，2010.

2　格雷琴·鲁宾. 幸福哲学书：我的快乐我做主，我的幸福我掌控［M］. 师瑞阳，译. 北京：中信出版社，2018.

或白天与夜晚两个时间块，让每个时间段或时间块都成为情绪的重启点。如果上午发生了不愉快的事，不必让它影响下午的你。告诉自己："这只是上午的情绪，下午是新的开始。"你可以通过深呼吸、散步或专注于其他任务来主动转换状态。学会"时间切分"，就能在情绪来袭时拥有主动选择的权利，让时间成为疗愈的节奏，而不是情绪的囚笼。

练习情绪重启

情绪的影响往往具有连锁效应，但你可以通过练习情绪重启，让情绪的起伏不会拖垮一整天的状态。以下是一些方法，帮助你在遇到负面情绪或挫折后，快速切换心境，防止情绪蔓延。

时间切割法：将一天分成三个独立时段

将清醒的时间划分为上午（6：00—12：00）、下午（12：00—18：00）、晚上（18：00—24：00）。把每个时段视为独立的时间单位，这样，即使上午发生了不愉快的事，也不会影响下午或晚上的你。每个新时段都是一次情绪归零的机会，让你有意识地重新开始。

情绪重启三步法

第一步：当你觉察到情绪失控时，停下来进行 3—5 次深呼吸，将注意力放在呼吸上，从情绪的旋涡中抽离，为重启做好准备。

第二步：找个安静的地方，闭上眼睛，专注于呼吸或身体的感受。不要评判情绪，只是观察它，允许它存在，让思绪沉静下来。这能让你的大脑从情绪的混乱切换到理性状态。

第三步：如果条件允许，拿起笔写下当下人生中三件积极的小事，哪怕只是"昨天喝了一杯好茶""今天阳光很好"。这个练习能让你专注于美好体验，从而缓解负面情绪带来的连锁影响。

当你真正掌握了这项能力，就意味着你不再被情绪裹挟，而是能自由地调整自己的状态。这种对自我情绪的掌控感，会让你的生活变得更加从容、自主，充满真正的自由与力量。

第二节

建立日常能量补充清单

丨 从小习惯入手，为身心注入稳定的力量源泉 丨

生活在快节奏的时代，我们时常感到疲惫不堪，很多能量都被琐碎的日常生活消耗了。为了缓解这种疲惫感，我们习惯性地刷手机、吃零食、购物，试图用这些短暂的愉悦来填补内在的空虚。然而，这些满足感来得快去得也快，反而给我们留下了更多疲惫与空虚。因为外在的刺激从来不是真正的能量来源，只是短暂的多巴胺释放，就像昙花一现。真正的能量，不在外界的片刻欢愉，而在内在的稳定与充盈。

正如卡尔·纽波特在其著作《深度工作》中所说，真正的能量补充来自那些能够持续滋养我们内心的富有意义的活动，而不是短暂的感官刺激。[1] 这就像一棵树，如果只是依靠每次暴雨后的短暂滋润，树根难以深植于大地。唯有让树根每天都

---

1 卡尔·纽波特. 深度工作：如何有效使用每一点脑力 [M]. 宋伟，译. 南昌：江西人民出版社，2017.

能从湿润的土壤中汲取稳定量的水分，这棵树才能日益茁壮。想要保持内心持久的平静与满足，我们需要从日常生活中找到并建立真正滋养内在的习惯，这样能量的流动才能不依赖外界，而从自身深处自然发生。

那么，什么样的活动才能真正滋养我们的内心呢？答案是：能让我们深度沉浸其中、真正感到满足的活动。每个人都有自己的"能量源泉"，它可能是一次瑜伽练习后的宁静，或是在阳光下散步的悠然，也可能是通过绘画、写作或音乐等创造性的活动所带来的情感流动，这些体验，能从根本上修复内在、重塑能量。

在接下来的章节中，我们将一起建立一个专属的"日常能量补充清单"，帮助你找到真正属于自己的能量源泉。我们的目的是通过这些日常行动，逐渐构建起一种稳定且持久的生活方式。当这些习惯成为你生活的一部分，你会发现，内心的能量不再轻易枯竭，而是像一汪清泉，能持续地滋养你的情绪、心境与精神世界。

识别真正的能量源泉

为什么刷手机、吃甜食后，反而感到更空虚、更疲惫？因为这些活动所带来的并不是真正的快乐，而是短暂的刺激。多巴胺的快速分泌，虽然能带来瞬间的快感，但当刺激消退，大脑的兴奋水平急剧下降，会留下更深的空虚与疲惫。为了填补这种缺失，我们渴望更多刺激，最终陷入反复刺激、反复消耗的循环，而非真正的能量补充。持久的幸福感，需要通过有意义的活动来逐步培养。接下来我们来探讨哪些活动能够真正提升内在能量、带来深层次的满足感。

创造性活动

创造性活动让我们成为生活的主人。当我们专注于绘画、写作、音乐创作等创造性活动，我们就进入了一种被称为"心流"的状态。这是一种令人沉醉的体验——当你全神贯注、杂念全无，时间仿佛也在此刻凝固。心理学研究表明，"心流"不仅能带来深层次的满足感，还能增强自我效能感——也就是我们对自己能力的信任。当我们完成一件作品时，内心的成就感不仅在当下油然而生，更会持续滋养我们的信心与力量。[1]

你知道为什么当语言无法表达情感时，画一幅画，写一段文字，或者弹奏一首旋律，会成为一种情绪的释放？因为艺术

1　米哈里·契克森米哈赖. 心流：最优体验心理学［M］. 张定绮，译. 北京：中信出版社，2017.

可以让复杂的情感转化为有形的作品，而创作的过程就是一种情绪的表达和疗愈。完成作品的那一瞬间，你会从混乱之中找到秩序，你的内心也因此变得充实和强大。

身体活动

运动是一种被科学验证过的有效的情绪调节方式。无论是慢跑、瑜伽，还是简单的户外散步，都能帮人们释放积压的压力；研究表明，运动不仅能增强身体的活力，更能释放内啡肽这种"快乐荷尔蒙"，让你感受到一种轻盈而持久的愉悦。当你结束一场汗流浃背的锻炼后，内心的平静与身体的舒适交织在一起，不仅让你重获能量，也能帮助你更专注。关于运动的好处，在本章第四节有专门的介绍，就不在此赘述了。

与大自然的连接

大自然是最无私的治愈师。每一次当你走进森林、走在湖边，或静静地坐在阳光下，都会让你感到一种不可言喻的宁静。大自然中的每一个声音——不管是虫鸣、鸟啼、风吹过树叶的沙沙声，还是流水的细语，都是在提醒我们，生命本就应该如此和谐。当你光脚踩在草地上，或者用双手触碰泥土，那种直接接触大自然的瞬间，都会产生能量，滋养你的心田。

兴趣爱好：拓展生命的宽度

兴趣爱好是一个人内在世界的延展，让我们与自己相遇。摄影、烹饪、弹琴、手工……每一件让你心生喜悦的事物都在告诉你："这个才是真正的你。"很多人以为兴趣爱好仅仅是消遣，但它的意义远不止于此。在工作、学习，甚至人际关系中，我们常常迎合外界、隐藏情绪，而唯有在热爱的事物里，我们才能放下伪装，回归最真实的状态。不需要取悦谁，也无须证明什么，只是单纯地享受此刻。在这一过程中，生命的宽度与深度被拓展，而内心的力量也在不知不觉中生长。

创建个性化的能量补充清单

打造属于自己的能量补充清单，就像为自己准备一份专属的"能量工具箱"。它能够帮助你在情绪低落、能量不足时，迅速找到适合的恢复方式，让你重拾活力、回归平衡。每个人的能量来源不同，因此这个清单不是千篇一律的，而是根据你的需求量身定制的。这样才能确保它能够真正滋养你的内心，为你提供内心的满足和力量。

第一步：列出能让你感到快乐、充实的活动

列出那些让你感到快乐、平静或充实的事情，从运动、创作、接触大自然到兴趣爱好，标注这些事情给你带来了什么益处。比如，"早晨的散步让我头脑清晰""绘画时，我的焦虑明显减轻"。

第二步：评估活动效果

尝试不同的活动，并观察它们对你情绪和能量的影响。为了更直观地了解哪些活动更适合你，你可以用 0 到 100 分来评估效果。比如：晨跑——85 分，泡脚 + 听轻音乐——75 分。这样可以筛选出最适合你自己的高能量活动，让你的清单更加精准。

第三步：区分短期补充与长期养护

将清单分为短期补充和长期养护两类。短期补充类的活动，如几分钟的深呼吸、散步、听歌等，简单易行，能迅速改善情绪。长期养护类的活动，如规律运动、冥想、培养兴趣爱好等，需要长期坚持，但能为你积累深层次能量。

第四步：定期更新清单

随着成长，你的需求也会改变。因此，每隔一段时间，回

顾并调整这份清单，剔除不再有效的方式，加入新的能量补充源，让它始终与你的状态匹配。

能立即提升内在能量的活动

以下是一些能够立即提升内在能量的活动清单，你可以根据自己的实际情况，挑选最适合自己的方式，打造专属于自己的能量补充清单：

（1）**深呼吸练习**　深呼吸能够立即减少压力感，刺激副交感神经系统，帮助你放松并提升能量。深吸一口气，让空气进入腹部，停留几秒，然后缓慢呼出，重复5—10次。总共练习5—10分钟。

（2）**快速行走**　特别是户外散步，可以快速提升身体的活力，让你从低迷的状态中恢复过来。走动能帮助你清埋思绪，带来新的能量。到附近的公园、街区，最好是有绿植、树木的地方走一走，专注于呼吸和脚步的节奏，也可以戴上耳机听着轻快的音乐。

（3）**冥想或正念练习**　冥想能帮助你放下杂念，集中注意力，恢复内心的平静。找一个安静的地方，闭上眼睛，专注于自己的呼吸，或者做引导式冥想。冥想不仅有助于消除压力，还能促进内在力量的平衡和恢复。在一呼一吸之间，世界的喧嚣逐渐远去，你的内在空间开始变得清澈透亮。每一次吸气时，想象身体吸入了养分，然后在每一次呼气时，想象自己身体的某个部位变得更加放松。

（4）**写感恩日记**　感恩是情绪的转化器，当你选择去关注生活的美好，你就打开了通往内心丰盈的大门。感恩不仅能让你从负面情绪中抽离，更能帮助你在日常点滴中找到幸福的微光。当你记录下生活中的美好瞬间，你的注意力会从压力和烦恼中转移，你内心的满足感和幸福感也会迅速提升。写下让你感恩的三件事，提醒自己，原来生活一直在悄悄善待你。当你用感恩的眼光看待世界，世界也会以温柔回应你。

（5）**播放音乐**　音乐对情绪有着强大的调节作用。无论你处于什么样的情绪状态，音乐都能迅速改变你的心情，激发活力和愉悦感。美好的音乐能够触动一个人内心的情感，让人感到充满力量和希望。尤其是那些能够引发情感共鸣的旋律，如果你愿意，可以跟着轻声哼唱或大声唱出来，感受音乐给你注入的能量。

（6）**做 10 分钟的瑜伽练习**　瑜伽不仅是身体的运动，更是身心的疗愈。通过深长的呼吸与身体的伸展，你可以快速释放压力，找回平衡。当你缓缓伸展身体，不仅是舒展紧张的肌肉，更是调节神经系统，从而释放压力，为自己注入新的能量。呼吸是瑜伽的核心，通过一呼一吸来帮助我们恢复精力，缓解焦虑。你可以在网上寻找适合的瑜伽视频，跟随指引来练习。练习的时候，重点不在于动作是否完美，而在于关注自己的呼吸，在舒展与呼吸之间，找回平静与力量。

（7）**大声朗读一段激励人心的文字**　朗读有一种特殊的力量，它能够通过声音激发内在的力量。当你大声朗读那些激励人心的文字时，声音的回响会穿透你的意识，直达你的内心深处，提升你的情绪状态，点燃你的信念。挑选一段激励人心的文字或对你有特别意义的名言，用坚定有力的声音将这些文字朗读出来，感受自信在心中升起。

（8）**泡茶**　水是生命的源泉，适量的水分可以立即滋养我们的身体。一杯温暖的茶不仅能滋润喉咙，也可以安抚内心，带来平衡与能量。捧起茶杯，感受指尖的温度，闭上眼睛专注于茶香缭绕的韵味，感受温暖的液体流入身体，滋养你的每一个细胞。让自己完全沉浸在这一刻的放松，感受茶带来的温润、清新与力量。

（9）**大扫除**　我们所处的外在环境往往反映我们的内在状

态，当周围环境清爽整洁，内在秩序感也会被建立起来，让我们感到更加清晰、有条理。整理空间的过程也是对内在能量的疏理。随着每一次收拾、清扫，你会发现，原本沉重的情绪被一点点扫除，取而代之的是轻盈、清晰和掌控感。

（10）**五分钟自由书写**　自由书写是一种最直接、有效的情绪释放工具，它能帮助你快速清理思绪，减轻焦虑和内在压力。你只需要将烦恼、担忧、混乱的感受统统由笔尖倾泻在纸上，让情绪得到宣泄，让内心深处的声音被看见。你不需要担心结构和逻辑上的问题，只需要随意写下任何浮现在你脑海中的想法和感受。写完后，你会发现自己变得更加轻松，思绪更加清晰，好像给自己进行了一次心灵的整理。

（11）**微笑练习**　微笑不仅是在表达情绪，它还能反过来影响我们的情绪。即使是刻意的微笑，也能够通过"面部反馈机制"影响大脑的神经活动，刺激大脑释放内啡肽。你可以站在镜子前，尝试轻轻地微笑。即使你此刻的心情并不是特别好，让微笑先出现，心情也会随之变好。

（12）**视觉冥想**　找一个安静的地方，闭上眼睛，深呼吸几次，让身体逐渐放松下来。接下来，欣赏一张美丽的风景照片或播放一段展现大自然美景的视频，如湛蓝的海浪、茂密的森林，或一片宁静的山谷。然后闭上眼用心去感受这个场景，想象阳光洒在你的脸上，微风拂过你的皮肤，耳朵聆听着鸟鸣或海浪声，整个人沉浸在这份自然的宁静里。几分钟后，慢慢睁开眼睛，你会感受到内心的平静。

（13）**唱歌**　唱歌是一种强烈的情感释放方式。通过发声和身体的共鸣，唱歌可以调动全身的能量，迅速提升情绪，释放负能量，让人感受到内心放松。这就是为什么每次去唱卡拉 OK 后，人们都会发现自己的情绪变得轻松。因为在唱歌时，我们通过声音的振动和肢体的配合，释放了自己的压力和情绪。

（14）**跳绳**　跳绳能够快速调动你的身体各项机能，提升心率，释放内啡肽，让你很快从低能量状态中振作起来。跳绳虽然是一项简单的身体运动，却可以立即增加体内的血液流动，提升活力，放松精神，驱散低迷的情绪。轻快地跳上几分钟，感受身体温度的上升，心跳变得有力，原本沉闷的状态逐渐被活力取代。

（15）**简单的手工或画画**　用双手创造，是最直接的疗愈方式之一。比如折纸、编织，或者涂鸦、绘画……这些简单的手工活动不仅能将注意力从压力中转移，还能带你进入一种专注而放松的创造状态。不需要追求完美，只是让你的双手引导你进入一个轻松、自由的世界，享受创造的喜悦。

（16）**自我关怀冥想**　我们往往对自己很苛刻，很少给予自己温柔的肯定。自我关怀冥想通过温柔地肯定自己，帮助我们减少自我批评，缓解内在压力，提升自我价值感，让内心变得更加温暖而坚定。找一个安静、舒适的地方，闭上眼睛，专注于呼吸。每次吸气，感受能量流入体内，呼气时，默默对自己说一些肯定的话语，比如"你已经做得很好了""你值得被爱""你有解决问题的能力"，让这些温暖、肯定的话语慢慢渗透心中，感受自己对自己的支持。尝试几次，你会发现，焦虑和不安在慢慢消融，内心升起了对自己的支持和接纳，安全感和自信从内心深处生长出来。

（17）**对话内在小孩**　我们每个人的内心深处，都住着一个曾经受伤、渴望被爱的小孩。与内在小孩对话不仅是一种心理疗愈技巧，更是一种深层次的自我关怀和修复。它帮助我们回顾早期的情感体验，揭露隐藏的情绪创伤，重建内在的安全感和力量，并带来深层次的内在治愈。

找一个安静的地方坐下，闭上眼睛，想象你的内在小孩——一个年幼的你（尽可能运用你的想象力，脑海里显现内在小孩的具体形象），轻声对他说："我知道你曾经受到了伤害，但现在你安全了。""你是被爱的。""你已经做得很好了。"用爱与温柔安慰这个内在小孩，告诉他："你无须害怕，我会一直陪在你身边。"感受这种对话带来的心理支持和温暖力量，帮助你重建内在的自我价值感和安全感。

给出的这些方法已经被其他人验证过，可以在短时间内快速提升内在能量，可以帮助你摆脱疲惫和负面情绪。挑选几个你喜欢的方法来练习。掌握之后，你可以随时调整状态，保持稳定的情绪和充沛的活力。给自己设计一个量身定制的能量补充清单，它既是你的情绪调节工具，也是你长期的内在养护指南。无论是短期缓解情绪低落，还是长期提升自我，你都可以依靠这份清单，让自己在低谷时有支撑，在迷茫时有方向。

大自然的神奇疗愈力量

┃ 通过与自然连接，释放压力，找到内心的平静 ┃

提升内在力量，最简单、有效而且经济实惠的方法是回归大自然的怀抱。地球是一个稳定且强大的磁场，大自然的赠予无私且丰富，青山绿水、蓝天白云、新鲜的空气，每一样都蕴含着能净化身心的高能量，[1]关键在于我们是否懂得珍惜和利用这份馈赠。我们很容易忘记一个事实，那就是这个世界上最珍贵的东西往往是免费的，比如阳光、空气、水。

人在自然环境中，可以获得丰富的负离子和充足的自然光照，而生活在都市中的人却难以获得这些。然而，这些自然元素对提升人的情绪和健康状态至关重要。2023 年年初，我因工作需要，前往国内一座二线城市，在那里待了近两个月。在此期间，我的生活仅限于公司与租住地之间的往返，这种两点

1　理查德·洛夫. 林间最后的小孩：拯救自然缺失症儿童［M］. 自然之友，译. 长沙：湖南科学技术出版社，2010.

一线的都市生活让我与大自然的联系少得可怜。在钢筋水泥构筑的城市中工作和生活，自然会身心不适，内在力量慢慢流失却得不到补充。人一旦与大自然之间的联系减少，就会逐渐失去心灵上的滋养和放松。城市生活的单一化和过度的大脑刺激，也会让我们积累大量精神压力，导致身心疲惫。因此，与大自然的接触对于恢复精力、补充活力和内在力量来说是非常必要的。

与大自然的亲密接触，要每周至少一次，越多越好。让自己定期走进大自然，感受它的宽广、宁静与滋养，你会发现，真正的能量一直都在那里，等待你去汲取。与大自然的接触不是非要跋山涉水才能实现，它其实一直存在于我们的生活之中。接下来，我们将逐步教大家如何在日常中与自然建立更深的连接，让身体、心灵和精神都能从中受益。

第一层面：身体接触

在天气晴朗的午后，找到一片没有太多人的土地，赤脚行走，这就是在与大自然进行一种能量交换。当我们的脚直接接触地面时，闭上眼睛，用心去感受地球的能量磁场。每次吸气，想象温暖的能量自脚底缓缓涌入，全身被滋养；呼气时，让所有的焦虑与疲惫随之释放。这不仅是身体的接触，更是一种回归本源的联结，让大地成为最温柔的支撑，给予我们深沉的安定与力量。

拥抱大树是另一种最直接的身体接触方式。树木作为地球上最古老的生命形态之一，深深根植于大地，枝叶伸展向天空，汲取日月的精华，静观四季交替，见证着生命的韵律。轻轻环抱一棵大树，闭上眼睛，深呼吸，然后用心去感受它的厚重和稳固，将手掌贴在树干上，想象它流动的能量像温暖的脉搏般传递给你。在这短暂的连接中，你可以聆听风拂过树叶的声音，感受树木散发的自然气息，让自己完全沉浸在这份宁静之中。

第二层面：呼吸练习

呼吸不仅是生命的基本需求，更是连接我们与自然界能量的桥梁。当我们在大自然中有意识地调整呼吸，我们就可以直接吸收大自然的精华，激发内在力量。下面是两种呼吸练习，帮助你体验大自然的疗愈能量。

森林浴

在静谧的森林深处，放慢步伐，让身心适应大自然的节奏。找一个不被打扰的地方腰背挺直，盘腿坐下，深吸一口清新的空气，感受腹部缓缓鼓起，呼气时想象所有负面情绪随之排出。重复几次，逐步放松身体，将注意力集中到呼吸上，感受空气在鼻腔、肺部与全身的流动。每一次呼吸，都是能量的注入，让生命力在体内积蓄勃发。

森林浴与拥抱大树的区别在于，在一整片森林中散步，我们更像在大海里遨游的鱼，自由畅快地穿梭于树木之间，大口呼吸森林里的养分。如果受条件限制，你居住的附近没有森林，找一片小树林进行练习也可以。

海边冥想

找一片宁静的海滩，远离喧嚣，盘腿而坐，放松身心，闭上眼睛，聆听海浪的律动，与它同步呼吸——海浪涌来时深吸，退去时缓缓吐气。感受海风轻拂脸庞，让海浪的韵律引导你的呼吸。每一次吐息，都让烦忧随波而去；每一次吸气，都将大海的宽厚与力量注入心田。让自己沉浸在这片广阔与安然之中，感受内心的松弛与自由。

第三层面：感官沉浸的练习

除了身体接触和呼吸练习，我们还可以通过感官的沉浸，更深层次地感受大自然的疗愈力。观察大自然能帮助我们全然投入大自然的怀抱，与它建立更深的连接。

选择一个宁静的自然角落，比如公园的草地、林间的小道，或是家附近的花园。坐在地上、靠在树下，或是静坐在长椅上，让身体放松，调整呼吸，让心境回归平和。专注于某个自然元素，比如一朵绽放的花、一只忙碌的蜜蜂，或是飞舞的蝴蝶，仔细观察它们的颜色、形状、动作，尽量捕捉每一个细节，让自己完全沉浸其中。时间长短并不重要，关键在于专注度，越专注越能沉浸于当下。

你可以用文字、绘画或摄影记录这一刻，让感受具象化，这样能加深你与自然的连接。每一次观察，都让自然的美好真正融入你的内在世界。

运动的力量

| 让身体动起来，用健康的体魄支持强大内心 |

无论是自我疗愈还是提升内在能量，运动都值得被拿出来单独探讨，因为它对情绪转化和力量的增强有立竿见影的效果。许多人以为运动只是锻炼身体，但实际上，它对情绪稳定、心理健康和自信心的影响远超我们的想象。当你陷入情绪低谷，明知需要改变却迟迟迈不出那一步时，最简单、最直接的方法就是去运动。运动能打破僵局，带来能量流动，让你从停滞的状态中挣脱出来。

当情绪低落时，大脑充斥着负面想法，让人被压力和焦虑包围，动弹不得。但是，只要站起来，走到户外，哪怕只是步行十分钟，你就会立即感受到情绪慢慢流动起来。这就是运动的魔力——它并不需要你思考或去解决什么问题，只要身体动起来，能量就会随之流动，情绪也会自然转化，就是这么神奇。在这一节，让我们一起来了解如何通过运动，将自己从卡顿中解救出来。

运动如何影响人的情绪与精神健康

从心理学的角度来看，运动之所以能够立竿见影地改善情绪，是因为它会促使大脑释放内啡肽。这种"快乐荷尔蒙"，带来放松和愉悦感。比如当你在跑步、做瑜伽或任何你喜欢的运动时，突然间感受到了一种舒畅的心情，那就是内啡肽在起作用。[1] 运动后的畅快感，我们肯定都体验过，这种愉悦感跟多巴胺的短暂刺激不同，能更持久、更稳定地提升你的情绪。

此外，运动还促进血清素和多巴胺的分泌，这两种神经递质也可以直接调节情绪。血清素能够帮助对抗抑郁，让内心变得更加平和；而多巴胺则提升动力与积极性，产生自我效能感。运动产生的多巴胺与接触成瘾源（如刷短视频）产生的多巴胺有所不同，主要体现在释放机制、持续时间和心理影响上。

总之，运动让大脑进入一种更积极、更有动力的状态。心跳加快、身体流汗的同时，你会发现情绪开始轻盈起来，整个人焕然一新。

从脑科学来看，运动还能提高大脑的适应能力，让思维更

---

1 约翰·瑞迪，埃里克·哈格曼. 运动改造大脑［M］. 浦溶，译. 杭州：浙江科学技术出版社，2023.

加敏捷，让我们更容易从消极的情绪中恢复过来。你有没有发现，在情绪低落时，思维也变得迟钝？运动能够打破这种僵局，激活你的神经系统，让思维变得更清晰。这也就是为什么很多人在锻炼后，原本难以解决的问题突然迎刃而解。越是喜欢运动的人，越是能熟练运用这种情绪转化的工具。

运动还可以训练我们的意志力和专注力。每一次运动，不管是跑步、瑜伽还是力量训练，都是一个需要用耐力来坚持的过程。要把专注力放在呼吸、动作上，不让大脑思绪随意发散。这个过程，就是在无形中训练你的意志力和专注力。[1] 从心理学角度来看，持续专注与坚持能增强对自身行为的掌控感，而掌控感正是内在力量的核心。当你学会掌控身体后，就能更好地掌控情绪，让内心更加稳定、有序。

运动的真正价值不仅在于锻炼身体，更在于重建与自我的深刻联结。在运动的过程中，你开始觉察每一个动作和每一次呼吸，感知身体的强项与局限，情绪波动也随之变得清晰可见，不再轻易被外界左右。你能进入一种专注、平静与力量并

---

1 凯利·麦格尼格尔. 自控力：斯坦福大学最受欢迎心理课程 [M]. 王岑卉，译. 北京：文化发展出版社，2012. 作者指出，运动是培养意志力的绝佳工具，通过专注于呼吸与动作的协调，我们能够在运动中锻炼专注力，同时增强耐力与自我管理能力。

存的节奏中，让你暂时脱离外界的纷扰，进入一种类似心流的状态。运动不仅让你的身体强健，也锻炼了心灵的韧性。

如何建立和保持运动习惯

我们都知道运动的好处，但是真正能坚持下来的人并不多。很多人总是一开始充满热情，但很快就被日常琐事和繁忙的生活节奏打败，最终半途而废。如果你也曾经这样，不必自责。这不是因为你缺乏意志力，你只是没有找到适合自己、能够持之以恒的运动方式，希望以下方法能帮你保持运动习惯。

设定合理的目标

很多人之所以半途而废，是因为一开始把目标定得太高，比如"我要每天跑 5 公里"或者"我要在 3 个月内练出腹肌"。这样的目标听起来激情澎湃，但却不现实，也很难实现。目标太大、强度过高会容易让人疲惫或受伤，最终导致放弃，而这又会让你陷入自我怀疑。合理的目标应该是循序渐进的，比如，每周运动 2—3 次，每次 30 分钟，等养成习惯后再逐步增加难度。每完成一个小目标，你就会获得相应的成就感，而这种正向反馈才是坚持下去的真正动力。

心理学家阿尔伯特·班杜拉的研究表明，自我效能感——即我们对自己是否能够完成某件事的信念——是影响对于行为能否坚持的重要因素。每当你完成一个运动目标，你的大脑都会强化这种"我可以做到"的信念，自我效能感也随之增强。简单来说，对于某件事，当我们相信自己能做到，我们就更愿意去做，并最终坚持下去。

融入日常生活

你可能会想："我工作已经够忙了，哪里还有时间运动？"这正是很多人难以坚持运动的原因。当运动被当作"额外任务"而不是生活的一部分时，它自然就变成了一种压力。我们要做的是让运动成为习惯，让它像晨起刷牙那样成为你生活的一部分。比如，你可以选择步行部分路程上下班，或在家看电视的时候做几组简单的哑铃训练。这样，无论多忙，总能找到运动的机会。

另外一个小技巧是设定"运动触发点"。比方说，把运动装备放在显眼的位置，提醒自己下班后动一动，或者睡前做一组拉伸。每次运动完，给自己一个小奖励，比如奖励自己泡个舒服的热水澡，或者看一集自己喜欢的电视剧。这样，你的大脑会将运动和愉悦联系在一起，不再把它视为任务，久而久之形成良性循环，运动就会成为你生活的一部分。

如何应对惰性和疲惫

我们都有过这样的感受：明明已经穿好衣服准备要去运动了，但是往沙发上一坐，突然觉得自己好累，哪怕动一下都觉得是一件"巨大的工程"。这就是惰性。对抗惰性的有效方法是"降低门槛"。你可以告诉自己："我只需要轻轻动一下，哪怕只是 10 分钟的快步走就可以。"大多数时候，一旦你迈出第一步，接下来的动作就会自然发生。心理学上有一个"行动激活情绪"的概念：当我们开始行动时，情绪会随着行动而变化。也就是说，即便你一开始并不想动，但一旦动起来，心情和状态会慢慢跟上。[1]

同时，我们也要学会尊重身体的节奏。有时候，疲惫不是懒惰使然，而是身体在提醒你需要休息。你可以选择更温和的运动方式，比如瑜伽或伸展练习，而不是完全放弃运动。这样做的好处是不会打断你的运动习惯，让你保持健康的生活方式。

---

1 查尔斯·都希格. 习惯的力量：我们为什么这样生活，那样工作 [M]. 吴奕俊，曹烨，译. 北京：中信出版社，2013.

第五节

转念

| 人生通关秘籍，从"卡点"中找到解脱之道 |

我们的情绪和思维就像不同频率的"能量场"，潜移默化地影响我们感知世界的方式。真正让我们困住的从来不是问题本身，而是我们对它的解读。当思维陷入惯性，我们就像被困在某个情绪场域中，难以自拔。而"转念"，就是打破这一困境的"通关秘籍"。它能让我们换一个角度看清问题的本质，不再局限于固有的思维模式。

一位女性来访者 W 曾向我倾诉她的苦恼，她和丈夫因为她过生日的问题大吵了一架。W 生日那天，丈夫带她去了一家普通餐厅吃饭，花了三百多元，除此之外，没有任何其他的"表示"。相比之下，和她同一个办公室的女同事过生日时，收到了丈夫送的新款手机；而隔壁科室的另一位女同事，则是被丈夫安排了一次出国旅行，花费了上万元。

W 觉得自己被"亏待"了，认为丈夫对她的爱"上不了

台面"。平日里，她对丈夫并没有太多怨言，但这件事却让她
愤愤不平，最终忍不住和丈夫吵了一架。

站在她的角度来看，生气似乎也是"有道理的"。毕竟，
和那些收到昂贵礼物的同事相比，她的生日显得"寒酸"。但
是，如果换个角度看，就会发现这种与他人比较的心态，本
身就是一种错误。如果她能够学会转念，或许有截然不同的
感受。

首先，丈夫不仅记得她的生日，还特地带她去吃她最喜欢
的家乡菜，点了她钟爱的臭鳜鱼。虽然这个生日安排并不奢
华，但专属于她、足够私人化，藏着丈夫的用心和爱，是一种
独属于他们的默契与情怀。

别人的丈夫用手机、旅行表达爱，她的丈夫用家乡菜表达
爱，本质上都是一样的。如果 W 能跳脱比较的陷阱，就会发
现，幸福从来不是由金钱体现的，而是用心意衡量的。简单粗
暴地用物质的价值来衡量爱与幸福，是对爱的亵渎。

现代人常陷入"用钱证明感情"的陷阱，仿佛爱意必须用
昂贵的礼物、奢华的仪式来佐证。但真正的爱，不是用来在朋
友圈里炫耀的筹码，那些用物质定义爱的男女，最终追得的不是
感情，而是虚荣。而真正的幸福，只属于能用心去感受它的人。

转念让我们跳出僵化、消极的思维模式，让我们用更宽广、更温暖的视角去看待问题，这样能让我们在亲密关系中减少内耗，不被情绪误导。

小雨和丈夫结婚多年，感情一直不错，但有一个问题让她耿耿于怀——每次吵架，都是她主动道歉或缓和气氛，丈夫从不先低头。时间久了，她开始觉得委屈："为什么每次都是我主动让步？难道就只有我在乎这段关系吗？"

有一次，两人因为家务分工的问题起了争执，老公说了一句重话让小雨气得不想搭理他，心中默念这次一定要让他先低头。然而几天过去，丈夫仍旧像往常一样固执，完全没有要主动和好的意思。小雨越想越气，内心充满了"不公平"的情绪："凭什么每次都是我先服软？"这次怄气让两人陷入了将近一个月的冷战。

小雨的丈夫真的不在乎她吗？不是的。小雨说，虽然丈夫从不主动道歉，但总是在小雨主动示好后，用行动表达歉意：他会默默倒杯水放在她的桌上或主动承担家务，甚至有时候在她开口之前，就已经做好了她曾经表达过不满的事情。最重要的是，小雨认为丈夫其他方面并没有太多毛病，总体来说他是一个合格的丈夫。

她开始意识到，自己把"主动道歉"这件事放大了，当成了爱的衡量标准。他的不主动，不是因为不在乎，而是因为他不擅长用言语表达歉意。小雨也知道，丈夫从小在他母亲严厉的教育下长大，习惯了用沉默来处理冲突，要求他在冲突的时候成为主动的一方，他确实很难做到。

转念，不是让自己委曲求全，而是换个方式看问题。当你理解对方的表达模式，并且学会用沟通而非对抗去表达需求，你会发现，关系的平衡并不是靠谁先低头，而是靠真正的理解。

当我们陷入比较和不满时，情绪就像一面哈哈镜，将现实的烦恼扭曲放大，让原本可以承受的事情变得难以负荷。有时候，我们以为自己是愤怒于现实，委屈于不公，但实际上是我们的关注点放错了。"转念"的意义在于，它有让我们改变视角、重塑现实的力量。当我们把目光从外界的评判收回，回归到生活的本质，就会发现那些被忽略的爱和美好。一份看似简单的心意，也许在转念之间就变成了真正值得珍惜的幸福。

"转念"不是逃避现实，而是帮助我们从情绪的迷雾中走出来，看清生活的真相。它让我们不再被情绪所左右，而是找回内在的自由和清晰，学会欣赏，学会感恩，学会由此产生真正的快乐。当你换一个角度看世界，世界也随之变得更温暖、更柔软。

转念与心理弹性

转念，说难不难，说容易确实也不容易，这涉及一个关键概念——"心理弹性"。心理弹性指的是我们在面对困难和逆境时，能够迅速调整心态、恢复状态的能力。这种弹性，如同竹子般柔韧，让我们在生活的风雨中既能挺立，又能弯腰。有这种能力，转念才有可能发生。

有些人很难实现转念，是因为习惯了固定的思维模式，大脑在面对困境时更倾向于重复过去的情绪反应，而不是主动寻找新的解读方式。这种僵化往往源于过往的创伤经历，导致缺乏安全感，难以灵活调整心态。如果你发现自己在某件事情上始终无法释怀，很可能不是问题本身有多大，而是你内在的韧性还不够强。

心理学研究表明，真正能够从挫折中复原，并取得巨大成就的人，往往拥有一种被称为"成长型思维模式"的特质。他们不会把失败当作终点，而是相信无论当前遇到的困难多大，都是一次学习和成长的机会。心理弹性正是这种思维模式的基石——它帮助我们在经历挫折后，不是沉溺于痛苦，而是能够迅速调整、适应，并迈向更好的未来。有时候生活的智慧在于，当你被卡在一个狭小的路口，能否放松身体，调整角度，轻轻一转，顺利通过。

如何掌握"转念"这个通关秘籍

转念并不是让我们忽略情绪，而是帮助我们从固有的思维模式中跳脱出来，找到更理性的视角，以达到调整情绪、改善关系的目的。以下四个方法能帮助我们在情绪困境中学会转念，化解内在的"卡点"。

识别并改变负面自动化思维

W最初的思维模式是"他不在乎我，我被亏待了"。这个想法在她脑海中不断循环，让她的情绪越来越负面化，最终认定自己在婚姻中受到了冷遇。然而，当她觉察到这个想法，并进行认知重建，她意识到：爱并不只有一种表达方式。丈夫带她去吃最爱的家乡菜，或许比送昂贵的礼物更能体现出对她的了解与珍视。这样，她便能放下片面的消极认知，以更开放的视角去理解丈夫的行为，从比较和埋怨中走出来。

焦点转移

小雨认为"每次吵架，都是我先低头，他从不主动道歉，这说明他不在乎我"。她的关注点始终放在"丈夫不先道歉"这件事上，导致每次争吵后，她都陷入更深的不满。

后来，她尝试转移焦点，不再执着于"谁先道歉"，而是去观察丈夫如何在争吵后表达愧疚之情——比如，他虽然嘴上不认错，但会默默做好家务、为她买她爱吃的水果。这让她意识到，丈夫并非不在乎她，而是不擅长表达情感。而且丈夫的原生家庭造成了他面对冲突时的固有模式，她可以从其他方面来感受丈夫的爱，而不是执着于"主动道歉"。转移关注点后，她的情绪不再被消极解读所左右，夫妻关系也变得更和谐。

积极自我对话

W 在最初的情绪高峰期，不断对自己说："别人的生日都有惊喜，而我只有一顿普通的晚餐，我是不是不值得被重视？"这样的自我对话，加剧了她的失落感。

如果她尝试调整自我对话，告诉自己："礼物的价值并不代表爱的深浅，丈夫的用心比昂贵的礼物更重要。"这就能让她的心态发生转变，从缺失感转向感恩。积极的自我对话，不仅能调整情绪，还能影响我们对事件的整体认知，让内心更加稳定。

拉开心理距离

每次吵架后，小雨都会产生负面情绪，对丈夫的不道歉耿耿于怀。但当她尝试拉开心理距离，从更客观的角度看待这件事时，她意识到，丈夫成长的经历让他学会了用沉默面对冲突，这是一种习惯性的应对模式。

她可以换个方式思考："如果是我自己的朋友遇到类似情况，我会怎么劝她？"这个练习能让人不再完全沉浸在负面情绪里，而是带着更客观的视角去理解对方。心理距离的拉开，让情绪不再被困住，双方也因此减少了不必要的摩擦。

人生就像一场旅程，总会有迷雾、岔路和看似走不通的路。转念让我们学会调整视角，让世界呈现多种不同的面貌。转念就像一个预警系统，它虽然不能让风暴消失，却可以让你完美避开风暴。

第六章

自我超越与成长

本章将深入探讨那些支撑内在成长的核心要素——行动和自律、坚持和毅力，掌控当下的力量、克制欲望，以及始终坚定不移地选择善良。这些品质并非由某一次顿悟后的蜕变所生发出来，而是你在日复一日的自我超越中，逐渐沉淀出的生命质地。

　　成长的路上没有捷径可走，真正的突破不是靠灵光一现，也不是一次性飞跃，而是通过日积月累的行动、持续不断的自律和深刻的自我觉察来实现的。当你感到疲惫时，是否还能多坚持一会儿？当诱惑来临时，你是否能选择克制？当所有人都退缩时，你是否还能选择前进？所有这些累积起来，才最终决定了你的内在力量。每一个正确的选择，都是你为自己的人生剧本书写华章，累积起来，便是你生命的厚度。

第一节

行动与自律

| 从规划到行动，点燃内在力量的引擎 |

很多人有过这样的经历：在脑海里反复描绘美好的蓝图，设想着种种可能，但始终停留在"想"的阶段，迟迟不能迈出第一步。其实，真正的动力从来都不是"等来"的，而是在实际行动中被激发出来的。我们不用等到万事俱备，等到所谓的完美时机，每一次勇敢地迈出脚步，都是在塑造一个更加强大的自己。真正决定我们能走多远的，不是天赋，不是运气，而是自律。

回望我的成长轨迹，每一个关键节点的突破，都不是因为运气，而是因为"我选择了行动，并且坚持到底"。行动是打破僵局的第一步，而自律则是让行动持续下去的关键。就像点燃引擎需要火花，但维持运转需要持续的燃料一样，内在力量的激发始于行动，而成于自律。

17岁那年，我辍了学，成为一名模特。外表的光鲜很快被现实的残酷打败，于是我决定改变。半年的时间里，我埋头补习，全力备考，最终考入了对外经济贸易大学，主修外贸英语。大学期间，我全力以赴，每天坚持练习口语，三年练就了一口流利的英语。毕业后，凭借语言优势，我顺利进入深圳的一家世界500强企业，开启了白领生涯。

24岁时，一场突如其来的惊恐发作，让我被确诊为焦虑症。那段时间，我虽依赖药物生活，但内心深处始终坚信，真正的治愈必须来自内在的改变。我开始调整自己的身心状态，阅读心理学书籍，练习瑜伽和冥想，学习各种疗法，并将它们应用在自己身上。日复一日的坚持，让我逐渐走出了焦虑的阴影。

28岁时，我通过了雅思考试，前往英国利兹大学攻读公共关系学硕士学位。那段时间，我的生活健康自律，每天严格管理时间和精力，不允许自己懈怠。

33岁的某一天，我意识到，人生不能只是为了追求一份"安稳的职业"，我想做更有意义的事。我找到了自己人生的使命——既然我能成功帮助自己走出焦虑，那么就一定能帮助更多人。于是，我再一次全力以赴，系统学习心理咨询，一边工作，一边读书，取得了香港城市大学的心理辅导硕士学位。通过不断努力，我以优异的成绩从两百名毕业生中脱颖而出，成为仅有的 19 位优秀毕业生之一。

2019 年，我决定将心理学知识和个人经历结合起来，投身自媒体，把自己的所学、所悟分享给更多人。这一路走来，靠的不是偶然或运气，而是自律和行动力。每一个选择的背后，都是毫不犹豫迈出的第一步，还有坚持到底的定力。哪怕没有看到即时的回报，我依然选择坚持。正是这份行动力和坚持，让我从一个高中辍学生，成为一个将助人自救作为使命的人。

这段经历让我明白，行动是改变的起点，自律是行动的延续，两者共同构成了超越自我的引擎。每一次早起，每一次坚持，都是无形的力量，推动着我一步步接近梦想。没有人可以在毫无准备的情况下等来奇迹，每一个小小的行动，都是在为人生的某个光芒万丈的时刻做准备。

很多人认为自己行动力差，目标定了又定，却始终迈不出第一步。其实，行动力并不是与生俱来的，而是一种可以培养的能力。在这一节，让我们一起拆解行动力的奥秘，理解为什么每一个行动背后都蕴藏着强大的力量。不要害怕最初的艰难，只要你迈出了第一步，力量就会随之而来，而真正的超越，就藏在一次次的坚持里。

以下是几个经过实践验证的方法，可以帮助你找到动力源

泉，逐步建立更强的行动力，让每一个决定，都为你的成长注
入能量。

设立小而可行的目标，解决"启动"困难症

许多人失败的原因，并不是缺乏目标，而是将目标设定得
过大，导致还没开始行动就感到压力重重。真正的行动力，往
往始于小而可行的目标。要将大目标拆解成可以立即完成的具
体的小任务，而不是一上来就制定庞大的计划。比如，想学英
语可以从"每天记住一个句子"开始，而不是要求自己"必
须攻克 3000 个单词"。这种"小步推进"的方法有两大好处：
第一，帮助我们减少压力，减少畏难情绪，门槛足够低让我们
更容易行动。第二，完成小目标可以增强成就感，让你更愿意
去执行下一个任务。心理学研究表明，成就感是行动力最好的
燃料，它能帮助我们在不知不觉间，建立一个稳定、可持续的
成长循环。[1]

从"5 分钟开始"到设定"清晰计划"

很多时候，我们不是缺少目标，而是缺少清晰的行动计

1　詹姆斯·克利尔. 掌控习惯：如何养成好习惯并戒除坏习惯［M］. 迩东晨，译. 北京：
北京联合出版公司，2019.

划。将目标拆解为具体的任务，并明确执行时间，比如"每天中午 13：30—14：00 阅读半小时"或"晚上 9：00—9：30 学习英语"。将要完成的工作任务写在本子上，这种"自我约定"会在大脑中形成一种无形的督促力，而完成任务后打勾的瞬间，成就感也会随之而来。

如果总是觉得难以开始，可以试试"5 分钟原则"：告诉自己，只做 5 分钟，之后再决定是否继续这个工作任务。这种方法能有效缓解内心的抗拒感，因为 5 分钟听起来轻松易行，而一旦开始行动，往往会发现事情并没有想象中的那么难，惯性会推动你继续行动，最终轻松完成目标，并养成坚持的习惯。[1]

赋予意义，提升专注力

"番茄工作法"是一种利用短时间来集中注意力并完成工作的方式。[2] 设定 25 分钟全心投入的时间来完成某个工作任务，25 分钟完成后可以休息 5 分钟。每完成 4 个 "25 分钟的番茄时间"，就可以享受一次更长的休息，甚至给自己一个小

---

1 皮尔斯·斯蒂尔. 战拖行动：四大方法告别拖延 [M]. 陶婧，周玥，曹媛媛，等译. 北京：北京联合出版公司，2019.

2 弗朗西斯科·西里洛. 番茄工作法：有效地使用每一点时间和脑力 [M]. 廖梦桦，译. 北京：北京联合出版公司，2019.

奖励。这样大脑知道只需坚持 25 分钟就可以休息了，行动起来也会感到更轻松。

然而，行动力的核心在于找到内在驱动力。如果目标只是外在的期待，比如"我应该学习英语"或"我必须锻炼"，它们很难真正点燃你的热情。试着挖掘目标背后的深层意义，让它变成"我真心想实现的事"，而不是"我应该做的事"。

当你与自己的目标产生了情感上的联结，你会发现，动力会自然而然地生长出来。对于需要做的事情，不用再强迫自己迈出第一步，而是发自内心地愿意去做。你可以问自己："如果我做到了，会给我的人生带来怎样的改变？如果不做，我会错过什么？"当目标的意义变得清晰时，行动的阻力就会减少。

比如，你的目标不再只是"我要学英语"，而是"我希望拥有机会探索更广阔的世界"；不再只是"我要锻炼"，而是"我要拥有一个健康、充满活力的身体，活出自己想要的状态"。当你这样思考时，你会发现，行动已经不再是压力，而是一种对未来的期待。

成长的力量，不是在等待"万事俱备"时爆发的，而是在每一个当下的行动里慢慢积累的。你要相信，当你真正开始行动时，一切都会随之改变。

第二节

坚持铸就奇迹

| 每一次努力的累积，终将化作成长道路上的绽放 |

当我们努力了很久，却看不到明显的成果或坚持了很久，却依然感到迷茫时，我们可能会怀疑自己：这样的坚持，真的有意义吗？

亲爱的读者，我想告诉你：坚持的意义，不在于即刻的回报，而在于每一次努力都是在积蓄力量。就像一颗种子，在破土而出之前，需要经历漫长的黑暗和等待。那些看似微不足道的努力，终将在某一刻，化作你生命中最耀眼的光芒。

好莱坞巨星史泰龙在成为电影明星前，生活困顿，几乎到了山穷水尽的地步。在写出《洛奇》剧本后，他满怀信心地拿着剧本去找电影公司合作，却屡遭拒绝，据说前后一共超过1500次。尽管有的制片方愿意买下剧本，却拒绝让他出演男主角。面对这样的条件，他始终没有让步，甚至即使不得不卖掉自己的爱犬来勉强度日，也要坚持自己的底线。

最终，他的坚持换来了回报，有一家制片公司愿意给他机会，让他以微薄的片酬出演男主角。电影上映后大获成功，不仅成就了史泰龙的演艺生涯，也让《洛奇》成为电影史上的经典，这个角色更成为励志电影的象征。史泰龙的故事告诉我们：当我们真正坚持自己的梦想，哪怕面对无数次质疑和拒绝，也终将迎来属于自己的突破。

坚持的力量并不在于一时的激情，而在于日复一日的投入，哪怕面临无数的挫折和低谷，也依然守护心中的目标。正是这种持续的努力和不放弃的信念，让很多人在生活的考验中找到真正的自己。人生中的许多成就，就在于"还差一点"时再迈一步，"最困难"时再撑一刻。

我被确诊为焦虑症的最初几个月，在医生的建议下服用药物以缓解症状。服药虽然暂时缓解了我的焦虑，却不能真正让我内心平静。三个月后，我下定决心不再依赖药物，而是要通过找到一个能够愉悦身心的兴趣爱好，让自己彻底走出焦虑的阴影。于是，我与瑜伽相遇了。

我依然清晰地记得，自己有一天在深圳书城买下了《瑜伽之光》这本由印度瑜伽大师艾扬格所著的书，里面一共教了三百多种瑜伽姿势。从那天起，我告诉自己，无论有多难，每周至少练六次瑜伽，一定要坚持下去。当时我的内心只有一个想法：用行动来消除焦虑，用坚持去转变内心的感受。

起初的练习并不轻松，因为拉筋的过程尤为痛苦，身体的僵硬让我每一次拉伸都像在与身体的极限对抗。前三个月，练瑜伽好像在上刑。但渐渐地，每次练习后，我的内心会变得莫名的平静，情绪也开始得到释放和调节。当我坚持练习大半年后，瑜伽带给我的转变终于让我真正走进了它的世界。我的身体不再僵硬，动作变得流畅，整个人仿佛在瑜伽垫上与天地连接在一起。那种与内心深处和解的宁静，让我体会到什么是身心合一。更重要的是，瑜伽仿佛成为我的一种精神力量来源。它就像一位老朋友，在每一次伸展与呼吸中，陪伴我找到内心的平静，也让我与自己达成和解。练瑜伽的过程让我感到无比舒适，也让我终于深切体会到：原来，真正的快乐是可以由自己创造的。

我的生活方式在这段时间内逐渐改变。我不再急于约朋友填满下班后的每一个时段，我也不再依赖外在的肯定和陪伴，不再强求别人给予爱和关注，内心充实的愉悦感伴随着我的每一天。这种从内而外的成长，正是人生真正的蜕变。

我们很多人本身并不是缺乏能力，而是缺少一个可以真正坚持去做的事情。在我人生的各个阶段，坚持一直是我赖以获得大大小小成功的"秘诀"。它是我从一个走秀模特转变为心理导师的关键要素。

我并不是一个智商超高、才华卓越的人，我一直认为我所取得的一点成绩，都源于那份比常人更持久的坚持。多年前，我的英语水平仅限于最基础的词汇，于是，我日复一日地早起听广播、背单词、练口语，从不间断。正是因为这份坚持，让我从只能说"ABC"到能够凭借流利的英语出国攻读两个硕士学位，实现了曾经以为遥不可及的梦想。对于心理学的热爱也起于兴趣，但坚持让我从最初的爱好者一步步成长为专业人士。在成为心理咨询师的路上，我不断学习、提升学历，从未因外界的质疑而动摇。最终，这份坚持让我不仅获得了专业资质，也收获了百万粉丝的关注与信任。

每一次我坚持做自己认为对的事情，都有一种弯道超车的快感。亲爱的读者，如果此刻你感到生命被束缚、希望渺茫，那么请试着寻找一件能带来积极意义且让你感到快乐的事情，并坚持去做。相信它会为你拨开漫天的乌云，让阳光照亮你的生命之路。那么，"坚持"如何通过练习获得呢？

将坚持融入生活，让它成为一种自然状态

我们经常觉得坚持困难，是因为它需要我们改变原有的生活节奏。而真正长久的坚持，秘诀就在于让它成为你生活中不可或缺的环节。

当我们练瑜伽、练口语、运动、冥想的时候，不要觉得是在坚持，而是将其看作是对自己有益的事情，这种心态会让我们乐在其中。将坚持融入日常，就是把那些事无声无息地纳入生活的节奏中，不再觉得它们是"任务"。就像每天刷牙洗脸，并不需要坚持的理由，因为它已经成为我们生活的本能。

享受它，真正爱上所做的事

真正长久的动力来自内心的热爱。只有当我们真正喜欢并享受所做的事情时，才能得到激励，才会想要不断深入。

当我开始学习心理学时，不单是为了获得某种资质或成就，更是因为从中能获得内心的满足与快乐。每次上课跟同学讨论，跟老师学习新知识，都让我更了解自己，也更理解他人。探索让我感觉到愉悦，会让我无惧时间的流逝，愿意一直在这条路上走下去。

享受是内在的动力源泉，它能让我们不再执着于外界的激励和短期的成果。我就是凭着满腔热血去学习和分享心理学知

识的，因此其中的坚持也就不再是坚持，而是一种享受。没有了对成果的急切渴望，你反而会享受探索的乐趣，真正体会到坚持的力量。

坚持是一种可以控制的"特异功能"

如果说天赋像是随机发放的礼物，那么坚持就是我们每个人可以通过努力打造的"特异功能"。

在艺术界，被誉为"钢琴天才"的郎朗，小时候每天练琴超过 8 个小时，父亲甚至用"只有练到极限才有资格休息"来要求他；在体育界，传奇篮球巨星科比凌晨四点开始训练的故事，至今仍被无数人津津乐道。看似拥有"天赋"的人，他们成功的背后，都是日复一日、毫不松懈的坚持。那些被人称赞的"天赋"，不过是他们将坚持变成了习惯，将努力积累成了实力。

坚持对每个人来说都是一样的。它不挑人、不设门槛，只要你开始去做，只要你愿意去做，它就会悄悄在你身上发生化学反应：今天的坚持是 1%，明天的进步也是 1%，当你坚持365 天，回头再看，那个原本平凡的自己，已经变成了别人眼中拥有"特异功能"的存在。所以，如果你感到平凡无力，记住，坚持是你唯一可以掌控的改变命运的武器。

第三节

当下的力量

| 专注此刻，找到真正属于自己的内心力量 |

我们的思绪就像永远奔腾的河流，总是在评判、思考、比较，不是陷入对过去的悔恨，就是为将来焦虑不安。而实际上，真正的力量恰恰是蕴藏在此时此刻，在每一个当下。

"活在当下"也称为正念，它指的是人们将注意力有意识地集中在当下，接纳此刻的感受、情绪和思维，不做过多思考和判断。许多研究表明，正念练习能够显著降低人们的焦虑和压力水平，并提升情绪稳定性。[1]通过将注意力带回当下，人们的内心获得宁静，不再被过去的遗憾或对未来的担忧牵绊。

什么是正念

简单来说，正念就是有意识地将注意力专注于当下、接纳

1　马克·威廉姆斯，约翰·蒂斯代尔，乔·卡巴金. 改善情绪的正念疗法. [M]. 谭洁清，译. 北京：中国人民大学出版社，2009.

当前的一切。它的核心在于，不带任何批判地观察和感受自己的情绪、想法、身体反应，以及周围的环境。不试图控制，也不急于评判，只是静静地感受当下的每一刻，接受它本来的样子。正念的练习方法多种多样，例如冥想、呼吸练习、身体扫描等，这些方式都有一个共同点：帮助你将注意力带回当下，让你不再被过去的遗憾或对未来的焦虑牵着走。

正念并不等于冥想，正念关注的是对当下的清晰觉察，而冥想是培养正念的途径之一。虽然冥想是一种常用的正念练习方法，但正念远不止于此，它是一种生活态度，可以渗透到生活的方方面面。无论是在吃饭、走路还是工作时，我们都可以保持正念。

正念有时会被误解为"清空大脑"或"控制情绪"，但实际完全不是这样。正念并不是要你把所有念头赶走，而是要你让这些念头自然流动，不执着于它们。当我们拼命想消除某些想法时，反而会让自己更焦虑、更紧绷。正念让我们学会观察这些念头，不抗拒、不评判，只是静静地看它们来去，就像看天上的云一样自然。

另外，正念也不是"强行乐观"或"假装一切都好"。它并不要求你忽视负面情绪，也不逼你把所有事情往好处想。正念是一种接纳的态度，即使你感到不安或悲伤，我们也可以带着觉察去感受这种体验。正念既不是逃避痛苦，也不是追逐快乐，而是让你真实地面对生活。

正念更不是一种逃避情绪的方式。它让我们平静地观察情绪，不急于"解决"或"摆脱"，而是学会与情绪共处。虽然正念练习可能会让你感到放松，但这并不是它的主要目标。正念更关注的是，无论内心多么不安，你都能与情绪和平共处。

简单来说，正念就是一种对当下保持接纳和觉察的生活态度。它让你不再被外界和情绪牵着走，而是成为情绪的观察者，清醒地活在每一刻。

正念可以缓解焦虑和压力

焦虑和压力就像你生活中的"隐形客人"，总在不经意间突然造访。而正念，就像你和这些"客人"之间的一座桥，它不会教你如何赶走它们，而是让你邀请它们坐下来好好聊聊，学会以开放和接纳的态度，与它们和平共处。

焦虑常常是因为我们对未来想得太多。"万一搞砸了怎么办？""我能搞定接下来的事吗？"当这些想法盘旋于脑海时，焦虑就像影子一样甩不掉。这种"未来式思维"让我们没办法专注于当下，反而在假想中耗尽精力。研究表明，那些专注于当下的人，焦虑水平显著低于习惯性思考未来的人。这是因为他们能从担忧的循环中抽离，聚焦于眼前可控的行动，从而减少对未知的恐惧。

正念的核心是观察，而不是抗争。2010 年，波士顿大学心理学教授斯蒂芬·G.霍夫曼的团队对 39 项研究进行综合分析后发现，正念练习能显著降低焦虑、抑郁和压力水平。通过正念，人们能用一种"不评判"的态度去观察情绪，让它们像河水一样自然流动。焦虑之所以越来越强，往往是因为我们总想抗拒它、压抑它，而正念让我们明白：情绪本身并不会伤害我们，真正消耗我们的，是对情绪的抗争。

举个例子，当焦虑袭来时，我们可能会想："完了，我又开始焦虑了，我怎么还没摆脱它呢？"这种对焦虑的对抗只会让我们更加焦虑。而正念的练习是让我们对待焦虑就像老朋友一样："好的，你又来了，我看见你了，我知道一会儿你就会离开。"这种接纳的态度让情绪像水流一样自然通过，不会在你的内心激起更大的波澜。

理查德·戴维森等人在 2003 年发表的研究表明，经过八周的正念冥想训练后，参与者在接种流感疫苗后的抗体反应增强，同时左侧前额叶皮质的活动增加。这表明正念训练可能显著降低压力激素皮质醇水平。身体在应对威胁时会释放激素皮质醇。短期来看，它能帮助我们应对危机，但如果长期过多分泌皮质醇，就会损害健康。正念的神奇之处在于，它能帮我们重新看待压力，不再把它当成洪水猛兽，而是把它当成一个可以接受和处理的挑战。这种心态的转变，会让身体的应激反应慢慢平稳下来，情绪也随之稳定。

正念减压疗法的创始人乔·卡巴金指出，正念其实就是一种自我接纳的练习。每次我们在练习中关注自己的情绪、思维和身体感觉，但又不急于批判自己或改变自己，这是在培养一种"无条件接纳自己"的能力。他的研究表明，自我接纳程度越高的人，越能在危机和冲突中保持情绪的稳定，不容易因挫败而丧失信心。

自我接纳也意味着承认自己的不完美，明白焦虑和压力是每个人都有的，我们不用对它们过度敏感，也无须羞愧。带着这种接纳的心态面对自己的情绪，就能化解内心矛盾，获得内在的平和。

正念练习方法：轻松掌握活在当下的能力

通过培养对当下的觉察，我们可以慢慢学会放下对未来的焦虑和对过去的执着，专注于此刻的体验。以下是几种简单有效的正念练习，每天花几分钟，就能帮助你逐步掌握活在当下的能力。你可以根据个人喜好选择不同的方式，将它们融入日常生活。

正念呼吸练习

呼吸练习是最基础的正念练习方法，通过观察呼吸，我们可以将注意力带回到当下，清除杂念，感受片刻的宁静。

- 练习方法：找一个舒适的地方坐下，放松身体，闭上眼睛。将注意力集中在呼吸上，感受空气进入和离开身体。可以专注于空气经过鼻孔所产生的凉意或腹部的起伏，观察每一次呼吸的节奏。保持轻松的状态，不强迫自己加深或减缓呼吸。

- 建议：当每一次分心，或者发现有杂念冒出时，就轻轻地将注意力拉回呼吸，不要批判自己分心，要保持温和接纳的态度。

从生理学角度来看，专注于呼吸能够启动身体的"放松反应"。研究表明，缓慢、深沉的呼吸会激活副交感神经系统，减缓心率、降低血压，帮助身体和大脑放松。这种"生理平静"状态能够对抗由压力引发的"应激反应"，缓解焦虑情绪，带来内心的安定。焦虑和紧张常表现为呼吸急促浅短，而有意识的呼吸练习可以打破焦虑与身体反应之间的循环，有效缓解压力，让心情更加平和。

正念呼吸练习跟冥想有相似之处，但又不完全一样，呼吸练习是通过调整呼吸节奏让你快速放松身体，适合情绪波动时用来平复心情；而冥想是一种长期的心灵练习，不光是关注呼吸，也关注身体感受、情绪和想法，目的是培养内心的稳定和情绪的平衡。两者可以搭配使用，比如，你可以先通过呼吸练习把注意力集中起来，然后再进入冥想状态。这样注意力更容易聚焦，效果也会更好。

正念行走

正念行走是一种结合运动和觉察的练习，适合希望在日常生活中增加活动量的人。它通过行走帮你进入正念状态，既锻炼身体又放松心情。

- 练习方法：找一个安静的地方，最好是到大自然中，用缓慢的步伐行走，把注意力放在每一个脚步上。感受双脚与地面接触，留意双腿的抬起和落下，专注于步伐的节奏和力量。你也可以观察周围的环境，比如风的触感、空气的气息，但注意力要始终保持在行走的体验上。

- 建议：别想着要走多远或多快，而是完全专注于每一个步伐，留意观察身体与呼吸的配合。

我们的思绪总喜欢乱跑，想着未完成的任务、对未来的担忧等，正念行走让我们把分散的思绪拉回当下，享受脚步的稳健节奏，逐步增强内在的平稳感。我曾经喜欢慢跑，现在我更爱快步行走。我每天都会跟爱人遛狗一个小时，步行五千米，雷打不动。我发现我特别享受这个过程，它不仅能帮我清理思绪、缓解压力，还能培养心理韧性。如果你不喜欢运动，完全可以每天抽出半小时左右试试正念行走，在练习正念的同时又能锻炼身体，一举两得。

正念情绪观察

情绪观察练习能帮助你用正念的方式来处理情绪，尤其是负面情绪。通过情绪观察，你可以在情绪来的时候不被情绪带走，更好地理解和接纳自己。[1]

- 练习方法：当你感到焦虑、愤怒或烦躁时，停下手头的事情，花几分钟观察情绪。闭上眼睛，留意情绪在身体中的位置，比如感觉到胸口紧张或腹部不适，体会情绪的强度和变化。让情绪在身体内自然流动，不试图压抑它或被它裹挟，而是接纳它，与它相处。

- 建议：可以用手尝试去触碰情绪所在的身体位置，然后说出自己此刻的感受，比如"我现在觉得胸口被一股气流堵住了"，然后对自己说"我看到你了，我允许你的存在"或"我接纳当下的状态""我知道你一会就走了"。这样可以减少情绪的冲击力。

很多人会问，"与情绪共处"不会让负面情绪停留更久吗？事实上恰恰相反。当我们感到愤怒、焦虑或悲伤时，逃避或被情绪所支配只会让问题升级，内心更加紧张。而如果我们能暂停一会，带着好奇心去观察情绪的来源、强度、在身体中的位置变化，这种接纳式的观察反而会令情绪的张力逐渐减小。情

---

1 乔·卡巴金. 多舛的生命：正念疗愈帮你抚平压力、疼痛和创伤 [M]. 童慧琦，高旭滨，译. 北京：机械工业出版社，2018.

绪就像流动的水，不会永远停留。你越是与之对抗、纠缠，它会越强烈；而当你允许它自然流动，它的强度也会慢慢减弱。这种观察练习让我们从情绪的"受害者"变成情绪的"观察者"，从而获得一种从容的心态。

内在力量的本质，不是掌控外在的世界，而是带着觉察，平静地看见自己的内心，与它和谐共处。正念的核心，是引导我们回归当下，去感受当下的情绪、思维和身体反应，看似温和，实则蕴藏着深邃的力量。

真正的内在力量，讲求的不是"消灭"，而是"接纳"，如同春雨，润物细无声。这份力量，不仅让我们摆脱情绪的操控，更让我们从容面对生活的起伏。无论外界多么喧嚣，正念都能帮我们稳稳地扎根于当下，找到属于自己的支点。无论外在环境如何变化，我们始终能坚如磐石。

第四节

克制欲望，活出内在的自由

| 学会取舍，让欲望为你服务 |

欲望，让我们不停追逐，却难以满足。它本质上是一种对外界的依赖，无论是对物质的渴求，还是对他人认同的渴望，这种依赖都会削弱我们的力量，让我们成为外界的奴隶。为了达成欲望所进行的每一次妥协，都是对自我掌控力的一次削弱。我们以为是在填补缺失，实则是在加深束缚。

真正的自由不是无限制满足欲望，而是在面对诱惑时，清醒地选择自己的方向，当你能在诱惑面前坚定地说"不"，你便掌控了自己的命运，而不再被欲望牵制。[1] 比如，当你克制住非必要的消费冲动，拒绝不健康的饮食，或不再沉迷于虚假的情感安慰，你会发现，那个掌控自己生活的人又回来了。

被欲望牵制时，我们的意志力就像被风吹散的蒲公英，零

---

1 凯利·麦格尼格尔. 自控力：斯坦福大学最受欢迎心理课程［M］. 王岑卉，译. 北京：文化发展出版社，2012.

落四方，我们的注意力也无法集中在真正重要的事情上。短暂的欲望得到满足，或许能带来一丝快感，但随之而来的是更多的空虚和焦虑。而克制，就像一剂解药，让我们摆脱"越追求越匮乏"的循环，让内心生出真正的满足感。学会克制，并非一味压抑需求，而是通过重新分配能量，把注意力从无休止地外求转向对内在力量的培养。当你不再执着于用外物来填充自己的内心，你会惊讶地发现，自己其实不需要那么多外物来填补内心。这一刻，力量从欲望的手中回到了你手里——这就是克制的意义，它让你不再做欲望的奴隶，而是做生活的主人。

克制带来自我掌控感，掌控感带来力量

克制，不是自我压抑，而是一种掌控自己的能力。有了这种能力，我们才能清晰地分辨"想要"和"需要"，才能不被一时冲动牵引，真正活出内在的平衡。

比如，在情绪低落时，我们往往会不自觉地抓起零食或垃圾食品来获取即时满足，这样的"想要"很容易被误认为是"需要"。其实身体并不需要这些热量，进食只是为了填补情绪的空洞。放纵的瞬间或许能带来一丝快感，但随之而来的，是更深的空虚。而当我们克制住冲动，将注意力转移到真正能带

来精神满足的事情上，比如走进大自然、做运动，或读一本好书，我们才能打破"越放纵，越颓废"的恶性循环。

又比如，在亲密关系中，当你非常渴望和某个人在一起时，如果放任这种渴望，可能会不由自主地频繁联系、黏着对方。你越是主动，对方可能越是退缩，甚至对你产生厌倦。你的期待落空，情绪随之跌入低谷，进入"越得不到，越想要"的循环。这时，关系的主动权已经完全掌握在对方手中，而你在关系中卑微、被动，失去了内在的力量。这个过程很好地诠释了"放任渴望令你失去自我"。但如果你学会克制，不被渴望驱使，关系的平衡就能回到自己手中。

每一次放下短暂的欲望，都是我们关于内在稳定的一次练习。真正的富足，从来不靠外物的填充，而是内心的丰盈。当你能够在诱惑前不动摇，在期待中不迷失，那个稳稳站立的自己，才是你最强大的底气。

克制欲望的练习方法

克制，并不意味着压抑，也不需要远离尘世、修行苦练，而是要在日常生活中找到让欲望为你所用的方法。我们可以通过一些简单的练习，培养自我掌控力，让克制成为一种自在的力量。以下方法将帮助你在日常生活中逐步培养这种能力，让你的内在更加稳固、自由。

第一，设立小目标：循序渐进地练习克制。

与其追求一次性的巨大改变，不如为自己设定小而具体的目标，比如：固定时间放下手机上床睡觉，不让玩手机侵占睡眠时间；不冲动消费，只买必需品；每周少吃一顿夜宵，学会辨别"嘴馋"和"真饿"。这些小目标不会给我们带来太大的压力，并且每次达成时都能带来成就感。而成就感会强化大脑的积极反馈，让克制成为一种自然而然的习惯。这些小小的练习，如同滴水穿石，让我们在日常生活中逐渐锻造出稳定的自控力。

第二，练习延迟满足。

克制的本质，并不是完全拒绝欲望，而是学会管理它。当某个冲动出现时，比如想买一件昂贵的衣服、吃高热量食物，或在情绪波动时发送一条可能会让自己后悔的信息，不妨先等24小时再做决定。这段冷却时间不仅能帮你跳出情绪陷阱，还能让你看清楚：这个欲望是真的必要，还是只是当下的一时冲动。学会等待，欲望就不会轻易掌控你，你才是掌控它的人。

第三，专注当下，培养克制力。

克制的另一种形式，是能够把注意力从分散的欲望中收回，专注于眼前的事情。当我们沉浸在某件事中，比如阅读一本书、完成一项深度工作、享受一顿用心准备的餐食，我们的注意力就不会轻易被杂念带走。

练习专注，是在训练内在的定力。下一次，当你被某种欲望牵引，比如忍不住想刷手机、克制不住吃垃圾食品，你就提醒自己："我先完成眼前的事情，再看看是否真的需要去做那件事。"这个过程，会一点点增强你的自我控制能力，让你不再轻易受到外界干扰。

当我们把这些练习融入生活，克制就不再是一种压抑，而是一种自在的选择。你会发现，那些曾经让你焦躁不安的欲望，渐渐失去了对你的掌控，你则一步步回归内在的稳定和自由。

第五节

善而有度，强而不侵

| 善良不等于妥协，强大也不意味着伤害他人 |

善良，是一种内心深处涌动的强大力量，它可以穿透人性最坚固的壁垒，不仅能化解误会，拉近人与人之间的距离，还能在无声中治愈伤痛。真正的善良，不是盲目的牺牲，而是内在丰盈后的自然流露。当我们怀着善念与他人相处，也会得到温暖的回馈：人与人之间的理解加深，信任建立，真诚的友谊随之而来。更重要的是，善良中蕴含的利他之心，让我们在给予的过程中获得满足感和幸福感，让我们超越个人的局限，心胸愈发开阔，人生的道路因此变得更加宽广。

然而，善良并不意味着无条件的付出，也不是毫无边界的迎合。过度的善良，会让人陷入内耗，甚至成为他人习惯性索取的对象。如果善良失去了尺度，它就不再是一种力量，而是一种负担，甚至成为对自己的伤害。真正有智慧的善良，是一种带有原则和底线的善良，它意味着：既能温暖他人，也能守护自己；既不让自己轻易受他人摆布，也不试图掌控或改变别人。

在这一节，我们将探讨如何让善良成为你的力量，而非你的软肋。学会在温暖中保持力量，在给予中守住界限，让善良成为你内心的光。

如何保持善良但不过度牺牲

善良本应是一种温暖的力量，但如果没有界限，它很容易变成无意识的自我消耗。当我们不断满足他人的需求而忽略自己的感受，善良就会慢慢变质，成为一种无形的负担。真正的善良不是毫无底线的付出，而是清晰地知道——我可以帮助别人，但不必自我牺牲。

我的一位朋友，是大家眼中的"老好人"。家人、朋友、同事有任何需要，她第一个站出来提供帮助。她总是优先照顾别人的情绪，无论自己多忙、多累，都会先满足别人的需求。她不懂拒绝，害怕让别人失望，结果自己的时间、精力被一点点掏空，最终她精疲力竭地问我："为什么我活得这么累？"答案其实很简单：她的善良没有界限。

善良的第一课是设立健康的边界，因为善良的力量在于平衡，一味地成全别人，最终会让自己失衡。当你打算伸出援手时，不妨先问自己："这个帮助会让我感到勉强或疲惫吗？"如果答案是肯定的，那就意味着你的善良已经在透支自己的能量。比如，某个同事习惯性地依赖你来帮忙完成他的工作，而你的帮助不仅让自己疲惫，也剥夺了对方成长的机会。学会有界限的善良，你可以温和地表达："我相信你可以自己处理这件事。"这不是冷漠，而是一种尊重，是让对方有机会承担责任、独立成长。

很多人不懂拒绝，害怕被误解为冷漠无情。但真正的善良，不是毫无原则地满足所有人的期待，而是在温暖别人之前先善待自己。学会区分"出于真心的给予"与"害怕拒绝的讨好"，才能让善良变得纯粹而有力量。

善而有度，才是对自己和他人真正的负责。温暖他人的同时，也守住自己的底线。你可以带着柔软的心去帮助别人，但这份善良不需要成为别人无限索取的理由。带有界限感的善良，才是真正的善良，它既不让自己受伤，也让别人学会成长。

学会温柔而坚定地表达自我

真正有力量的表达，不是咄咄逼人，也不是一味退让，而是在坚定与温柔之间找到平衡。当我们学会既不失去自己的立场，也不过度迎合他人时，沟通才真正顺畅而有力量。很多人在表达自己的需求时，要么过于强硬，导致对方产生防御心理；要么过于委屈自己，最终让关系失衡。真正有力量的表达方式，是在清晰传递自身立场的同时，也照顾到对方的感受。例如，当意见发生分歧时，你可以说："我理解你的想法，同时，我希望你也能听听我的看法。"这样的表达既不强势，也不会让自己退缩，它让对方感受到被尊重，同时也让自己的声音被听见。

当朋友或家人向你提出超出你能力范围的请求时，学会温柔而坚定的表达很重要。很多人害怕拒绝是因为担心破坏关系，但真正健康的关系，是建立在相互尊重的基础上，而不是单方面的牺牲。如果你确实无法帮助对方，可以这样表达："我很想帮你，但最近我也遇到了困难，暂时无法答应你。"这样的话语传递了善意的同时，也设定了清晰的边界。拒绝并不等于冷漠，而是让对方学会尊重你的时间和精力，也让自己避免因过度付出而消耗能量。

在亲密关系中，我们常常会希望对方按照我们的期待行事，比如让伴侣调整生活习惯、改变兴趣爱好，甚至按照我们规划的人生轨迹前进。但真正稳固的关系，不是通过控制，而是通过彼此尊重、独立共存达成的。你要允许对方成为自己，也在他自己的道路上坚定前行。学会尊重不同，才能让关系更自由、更舒适。

有些人习惯用强硬的语气来维护自己的立场，比如："你怎么总是不考虑我的感受？"这类指责性表达会让对方本能地进入防御状态，沟通自然难以进行。如果我们换一种方式，效果就会完全不同，比如说："这件事对我来说很重要，我希望你能理解。"当我们把表达的重点放在自己的感受而不是对方的错误上时，对方更容易接纳，也更愿意倾听。

如何做到善而有度

真正的善良，不是毫无保留的付出。真正的关系，也不是用无底线的付出来维系，而是基于相互理解与尊重。当善良有了界限，它才不会变成消耗，而是一种滋养。

觉察自己的界限：善良不等于无限退让

真正的善良，是带着自我觉察的。每个人的内心都有一个界限，界限之内，我们的给予是出于自愿，界限之外，便是勉强和消耗。每次在答应别人的请求之前，先问自己："我是真心愿意，还是不忍拒绝？"当你的善意源自心甘情愿，而非勉强迁就，它才不会成为日后的委屈和怨言。

设立底线，学会守护自己的能量

底线是我们自我保护的边界，它不是用来阻隔他人，而是为了让关系更健康。那些害怕冲突而不敢设立底线的人，往往在不知不觉中透支自己，直到善良变成了负担。

尝试写下你的底线，比如"不过度牺牲自己的双休时间""借出去的钱财不能超过五万元"。当界限清晰，你的善意才不会被滥用，而是真正发挥它的温暖。

定期反思，让善意成为滋养，而非消耗

真正的善良，应该是一种让自己也能感到满足的能量，而不是一味付出后留下的疲惫和失落。可以定期问自己："这次的给予让我感到愉悦，还是被消耗？"如果你的善良让你感到疲惫，那就意味着你的底线需要调整了。健康的善良，是懂得什么时候该给，什么时候该收。

善举可以增加心灵力量

许多人以为，帮助他人是一种单向给予，是一方倾注，另

一方接受的过程。其实，真正的善良，不仅能温暖他人，也会在无形中滋养自己，每一个善举，都是内心能量的流转，当我们向外给予，内在也在悄然丰盈起来。

快乐的正向循环

心理学中，帮助他人带来的"幸福回报回路"是一个科学现象。当我们真心帮助他人时，大脑会分泌多巴胺和内啡肽这些幸福激素，让我们感受到深层的满足与喜悦。这种回馈不仅是一种短暂的喜悦，更是在内心深处种下善意的种子。每一次善意的流动，都是一次自我滋养的过程——别人因我们的帮助感到温暖，而这种温暖也反哺我们，让我们收获充盈的力量。

"我可以"的强大力量

每一次伸出援手，都是一次对自己"我可以"的肯定。正如班杜拉的"自我效能感"理论指出，当我们看到自己的行动、力量带来积极影响时，会更清晰地意识到自己的价值。帮助他人的过程，其实是强化自己力量的过程。当我们发现自己能给予、能影响、能让世界变得更好时，那份"我可以"的信念会让内心更加笃定。[1]

1　阿尔伯特·班杜拉. 自我效能［M］. 廖小春，李凌，井世洁，张小林，译. 上海：华东师范大学出版社，2022.

"我有价值"的深层滋养

真正让人充实的，是内心对自我价值的认同。当我们帮助他人时，我们不再是孤立的个体，而是温暖的传递者、连接友善的桥梁。"我的存在是有意义的，我的善意可以点亮他人"，每一次的付出，都在无声地强化这种信念，让我们体会到自己在世间的意义，而这份归属感，比任何外在的认可都更有力量。

跨越自我，找到归属

帮助他人不仅是一次付出，更是一种联结。我们天生渴望被理解、被需要、被认可，而善意的给予让人与人之间的相处变得和谐。当我们伸出援手，感受到彼此的共鸣时，会发现自己并不孤单，而是与他人紧密相连。这种跨越自我的温暖联结，让我们在帮助他人的同时，也找到了心灵的归属。

帮助他人也是帮助自己

很多时候，我们的焦虑、烦恼源自我们对自己的过度关注，而帮助他人，恰恰是一种短暂的"自我放下"。当我们全身心投入他人的需求中时，暂时放下对自我的执着，内心也变得轻松。帮助他人并不是负担，而是一种让心灵舒展的方式。

在善意的流动中，我们得到了片刻的安宁，也让自己回归平和。当我们学会带着温暖去给予，生活也会用更丰盛的方式回馈我们。

读到这里，我希望你已经对自己有了更深刻的认识，也更清楚如何去养育和成就更强大的自己，打造属于你的人生剧本。

人生的转变，从来不是一蹴而就的，而是由无数次觉察、调整和行动积累而成的。希望这本书能成为你的指引，让你在面对困境时，不再被情绪裹挟，而是能以更清晰、更坚定的姿态去应对挑战。

真正的力量，不是无所畏惧，而是在恐惧中依然前行；不是从不迷茫，而是在迷茫中找到方向。你无须完美，也无须迎合任何标准，只要你愿意从现在开始，学会取舍、学会坚守、学会温柔地对待自己，内在的力量就会不断生长，指引你走向真正自由的人生。你不需要成为谁眼中的光，而是允许自己在黑夜中燃灯、在风中站稳，然后一步步，活出属于自己的万里晴空。

愿我们每一个人都能活成自己最喜欢的模样——不为取悦，不惧孤独，自信而笃定，自由而丰盈。